콘크리트 실무 매뉴얼 KCI PM502.1-18

탄소저감형 콘크리트 시공기술

친환경콘크리트위원회

사단법인 한국콘크리트학회 Korea Concrete Institute

발간사

그동안 우리 학회는 본연의 역할인 해당 분야의 학문과 기술을 향상시키면서 모범 전문학회로서 크게 성장하여 왔습니다. 특히 지난 학회 20주년을 기념하여 보다 체계적인 참고문헌을 발간하기 위하여 '콘크리트실무지침편찬특별위원회'를 구성하고 전문서적을 발간하기 시작한 지도 7년여가 지나가고 있습니다.

이 특별위원회(당시 위원장 김상식 명예회원)는 2009년에 처음으로 구성되어 많은 노력 끝에 2010년 말 처음으로 『해양 콘크리트의 염해 내구성 및 설계』, 『매스콘크리트의 온도 균열 제어』, 『고유동 콘크리트의 제조 및 시공』, 『콘크리트 구조물 이음의 설계 및 시공』, 『콘크리트 양생』 등 5권의 실무매뉴얼을 발간한 바 있습니다. 그 후 2011년 특별위원회는 학회 연구전문위원회의 도움을 받아 출판을 기획하여 『건축 포스트텐션 시스템』, 『PS 긴장재의 시공, 긴장관리 및 그라우팅』, 『콘크리트 장기거동 해석 및 적용』, 『폴리머 콘크리트 복합체의 제조 및 시공』, 『콘크리트 구조물의 방수기술』, 『레디믹스트 콘크리트 품질 문제의 원인 및 대책』, 『콘크리트 제조, 운반 및 타설』 등 7권의 실무매뉴얼을 2012년에 발간하게 되었습니다. 그리고 2012년, 2013년, 2014년에 각각 6권씩 기획된 18권의 실무지침 중에서 『국내외 주요 기준의 휨-압축 부재 설계 및 예제』, 『콘크리트 구조물의 철근 부식 진단과 방지 대책』, 『섬유보강 고인성 시멘트 복합재료의 구조적 이용과 성능 평가』, 『프리스트레스트 콘크리트 건축물과 플랜트 구조물의 설계 및 공법』, 『수중구조물의 점검 및 보수보강 지침』, 『시스템 거푸집의 설계와 시공』 6권을 2014년 12월에 발간하였습니다. 2016년에는 『RC보의 전단설계기준 및 강도모델 비교』, 『비부착 텐던의 규정, 시공 및 프리스트레스 손실 산정』, 『특수철근콘크리트 전단벽 및 연결보 설계』 등을 추가로 발간하였고 올해 초에는 『콘크리트 비선형 전산 해석 및 설계』를 발간하여 총 22권의 실무지침이 출판되었습니다. 이번에는 2016년에 기획된 『탄소저감형 콘크리트 시공기술』 실무지침을 발간하게 되었습니다. 그리고 2016년에 기획된 4권, 2017년에 기획된 4권을 포함하여 총 16권의 실무지침 집필이 진행되고 있습니다. 지난번 발간사에서도 밝힌 바와 같이 이번 발간물도 마지막이 아니고 앞으로 계속 많은 실무지침을 발간할 예정이며, 이미 발간된 실무지침도 계속 수정해 나갈 것입니다. 아무쪼록 집필자들의 노력으로 발간된 각종 실무지침들이 회원과 독자 여러분에게 큰 도움이 되기를 바랍니다.

끝으로 지난 몇 년 간 어려운 여건 속에서도 열심히 노력하여 실무지침을 작성해 준 집필책임자 김장호 회원과 집필위원 여러분에게 감사드리며, 세심한 검토를 해준 특별위원회 배수호 부위원장을 비롯한 여러 위원에게도 감사드립니다.

2018년 6월

사단법인 한국콘크리트학회

콘크리트실무지침편찬특별위원회 위원장 김 진 근

학회 회장(15대) 최 창 식

머리말

고도의 산업성장과 인류의 자원소비가 급속히 증가함에 따라 이산화탄소 등의 온실가스 배출량이 나날이 증가하고 있습니다. 온실가스는 지구온난화를 일으킬 뿐 아니라 지구환경과 인간의 삶을 황폐화하고 있습니다. 이에 이를 저감하기 위하여 전 세계적으로는 기후변화협약을 통해 선진국에 탄소감축 의무를 부여하며, 개발도상국을 지원하는 등의 협정을 통해 온실가스 감축을 위한 의지를 보이고 있습니다. 이 협약에 우리나라도 1992년에 가입하였고 1997년 선진국의 탄소감축 의무를 이행하겠다는 교토의정서를 채택합니다. 이후 탄소배출권, 저탄소녹색성장, 녹색기술, 에너지 절감 등의 방법을 동원해 각 나라는 온실가스를 줄이는 실질적인 방안을 논의하다가 2009년 각국이 정치적으로 합의한 코펜하겐합의문을 발표하기에 이르렀습니다.

탄소배출량의 약 10%를 차지하고 있는 시멘트 및 콘크리트 산업 역시 전 세계의 온실가스 감축의 흐름을 반영하는 기술 및 대책을 강구해야 할 시점입니다. 시멘트 및 콘크리트 산업에 종사하고 있는 모든 구성원은 품질이나 시공성, 내구성 등의 성능을 유지하면서 온실가스를 감축시킬 수 있는 최선의 기술을 개발하고, 이를 실천하고 발전시키기 위한 노력을 기울여야 합니다.

우리 학회 친환경콘크리트위원회에서 집필한 콘크리트 실무지침 『탄소저감형 콘크리트 시공기술』은 콘크리트 및 시멘트의 생산부터 해체 및 재활용에 이르는 전과정에 대한 탄소저감 최신의 최적효율기술(BAT, Best Available Technology) 및 환경적 영향평가를 소개하고 있으며, 이에 따른 법령 및 제도 등의 내용도 담고 있습니다. 이 콘크리트 실무지침은 총 7장으로 구성되어 있으며, 제1장은 콘크리트 산업에서의 온실가스 배출 현황과 이에 따른 전 세계 학술계의 대응과 제도적 접근을 언급했으며, 제2장부터 제5장까지는 시멘트 재료, 혼화재료, 레디믹스트 콘크리트, 프리캐스트 구조물의 시공, 해체 및 재활용에 관한 최신의 최적효율기술(BAT)을 제시하였고, 이러한 기술을 적용했을 때 탄소저감량 계산 등의 예시로 구성하였습니다. 제6장 및 제7장은 $LCCO_2$ 평가, 전과정평가(LCA, Life Cycle

Assessment) 및 관련 기술 및 환경적 영향평가도구를 제시하였으며, 탄소저감량 계산 과정과 평가 시스템의 예시를 나타냈습니다.

『탄소저감형 콘크리트 시공기술』의 발간을 위해 집필위원으로 노력해준 친환경 콘크리트위원회의 한경대학교 최동욱 교수, 호서대학교 홍건호 교수, 강원대학교 박철우 교수, 경기대학교 양근혁 교수, 연세대학교 최승재 연구원, 한국콘크리트 학회 콘크리트연구소 정재권 박사께 감사의 말씀을 드립니다. 또한 실무지침의 완성을 위해 조언을 아끼지 않으신 한국과학기술원 김진근 교수를 비롯한 검토 및 심의위원들께도 감사드립니다.

2018년 6월

친환경콘크리트위원회(KCI-502) 집필책임자 김장호

집필위원

집필책임자	김장호(연세대학교 건설환경공학과)
집 필 위 원	최동욱(한경대학교 건축학부), 홍건호(호서대학교 건축공학과), 박철우(강원대학교 토목공학과), 양근혁(경기대학교 플랜트 · 건축공학과), 최승재(연세대학교 건설환경공학과), 정재권(한국콘크리트학회 콘크리트연구소)

자체 검토위원

검 토 위 원	김상식(인하대학교), 김진근(한국과학기술원)

실무지침편찬특별위원회 검토위원

검 토 위 원	정하선(㈜전우구조), 한천구(청주대학교)

발간물심의위원회

위 원 장	김한수(건국대학교)
위 원	이정윤(성균관대학교), 윤현도(충남대학교), 이도형(배재대학교), 최동욱(한경대학교), 이재훈(영남대학교), 김장호(연세대학교), 조창근(조선대학교), 박철우(강원대학교)

기획 실무지침편찬특별위원회

위 원 장	김진근(한국과학기술원)
고 문	김상식(인하대학교), 정하선(㈜전우구조), 정영수(중앙대학교)
부 위 원 장	배수호(안동대학교)
간 사	이도형(배재대학교)
위 원	강현구(서울대학교), 권승희(명지대학교), 김강수(서울시립대학교), 김대호(㈜한울구조안전기술사사무소), 김상철(한서대학교), 김영근(한국건설생활환경시험연구원), 김종호(㈜창민우구조컨설탄트) 김진만(공주대학교), 서석구(㈜경원엔지니어링), 송영철(에프레(EPRE)) 신현목(성균관대학교), 연규석(강원대학교), 윤석구(서울과학기술대학교) 이재훈(영남대학교), 이재훈(㈜도화구조), 이정윤(성균관대학교), 이진용(㈜캐어콘), 장덕배(동양미래대학교), 정란(단국대학교), 조윤구(현대건설㈜ 연구개발본부), 최병한(한국농어촌공사 농어촌연구원), 한천구(청주대학교), 홍건호(호서대학교)

차 례

03 장 레디믹스트 콘크리트 BAT

04 장 PC구조물의 시공 관련 BAT

05 장 해체 및 재활용 관련 BAT

06 장 콘크리트의 LCCO$_2$ 평가 및 CO$_2$ 저감 기술

07장 환경영향평가

제1장 콘크리트 및 콘크리트 구조물의 환경적 측면과 기술적 대응

1.1 서 론

인류가 21세기에 직면하고 있는 지구온난화를 비롯한 지구의 환경적 문제는 산업혁명 이후 급속한 인구 증가 및 산업화에 따른 폭발적인 천연자원 소비, 석탄을 비롯한 화석연료의 무분별한 사용, 산림 벌채를 포함한 광범위한 토지개발 등으로 인한 결과이다. 그림 1.1에서 보듯이 인류의 급속한 증가는 산업혁명을 전후하여 시작되었으며, 1804년 10억 명이던 세계인구가 불과 200년 사이에 7배로 증가하여 오늘날 70억 명을 상회하고 있음을 알 수 있다. 이렇게 많은 인류의 다양한 사회적, 경제적 활동은 지구의 유한한 천연자원을 급속도로 소모시켜 자원 및 에너지 고갈을 야기하고, 많은 양의 대기, 토양 및 수질 오염물질과 기타 유해물질을 방출하며, 동시에 산업계, 생활계, 건설폐기물을 발생시키고 있다. 그러나 인류는 20세기 후반에 들어서야 비로소 이러한 사회경제적 활동의 지구생태계에 대한 영향이 허용한도를 초과한 것을 깨닫게 되었다.

인류가 직면한 심각한 환경적 문제에 대한 첫 번째 자각은 1972년 「성장의 한계(Limits to growth)」라는 로마클럽 보고서였다.[2] 이 보고서는 당시 첨단 수준의 과학적 시뮬레이션에 근거하였고, "세계인구, 산업화, 오염, 식량 생산, 그리고 자원

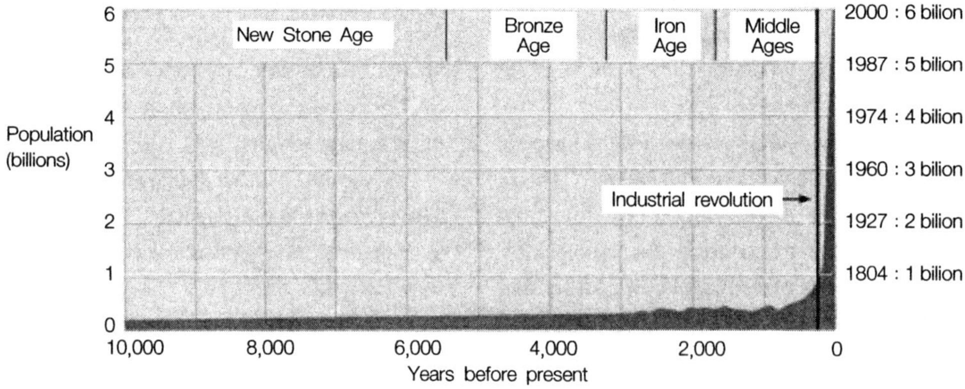

그림 1.1 **지난 10,000년간 인구수의 증가 추이**[1)]

소모 등의 측면에서 현재 성장 추세가 지속된다면 지구는 다음 한 세기 내에 성장의 한계에 도달하게 될 것이다."라고 주장하였다. 1972년 스웨덴 스톡홀름에서 인류 최초의 세계환경회의가 개최되었고, '유엔인간환경선언'이 채택되었으며, 유엔환경계획(United Nations Environmental Programme, UNEP) 창설과 유엔환경기금 설치를 합의함으로써 환경 관련 국제기구가 사상 처음으로 탄생하게 되었다.

1987년 유엔세계환경개발위원회(World Commission on Environment and Development, WCED)는 노르웨이 수상을 역임한 위원장의 이름을 인용하여 브룬트란트위원회라고도 불리며 다음과 같이 우리에게 잘 알려진 지속가능성의 개념을 제시한 브룬트란트 보고서를 발표하였다.[3)]

> "지속가능한 발전은 자신의 요구를 충족하기 위해 미래 세대의 능력을 손상시키지 않고 현재의 요구를 충족시키는 발전이다."

1992년 브라질 리우에서 개최된 지구정상회의(Earth Summit 또는 환경과 개발에 대한 유엔회의)는 향후 지구환경보전의 기본 원칙을 규정하는 '리우선언'과 21세기 환경보전의 구체적 실천강령인 '의제 21'을 채택하였다.[4,5)] 이 회의는 1992년 당시 이미 환경오염이 심각한 수준에 이르렀던 선진국뿐만 아니라 개발도상국의 정부 및 국민들의 환경에 대한 인식을 높이는 데도 크게 기여하였고, 환경보전과 경제성장 사이의 균형을 유지하기 위해 지속가능한 발전의 중요성을 다시 한 번 명확히 하고, 또한 1994년 발효된 유엔기후변화협약(United Nations Framework Convention for Climate Change,

UNFCCC)을 체결하였다.

UNFCCC는 매년 당사국총회(Conference of Parties, COP)를 개최하는데, 이중 우리에게 잘 알려진 '교토의정서(Kyoto Protocol)'를 발표한 것이 1996년 일본 교토에서 개최된 제3차 COP(COP3)이다. COP3에서 지구온난화 방지를 위해 당시 38개 선진국은 이산화탄소를 포함한 6종의 온실가스(이산화탄소, 메탄, 아산화질소, 과불화탄소, 수소화불화탄소, 육불화황) 배출량을 감축하기로 하고, 2008~2012년 선진국의 온실가스 배출량을 1990년 대비 평균 5.2% 감축하기로 결의하였다.[6)]

2015년 파리에서 개최된 제21차 당사국총회(COP21)에서는 2020년 이후 전 세계의 온실가스 감축 방향을 담은 합의문인 '파리협약(Paris Agreement)'을 채택하였다.[7)] 파리협약은 선진국에만 감축 의무를 지웠던 교토의정서와 달리 195개 당사국 모두가 지켜야 하는 첫 합의이며, 파리협약에 참여한 195개 당사국은 산업화 이전 대비 지구 평균기온 상승폭의 억제 목표로서 "2도보다 훨씬 낮게"라는 표현과 동시에 "1.5도 아래"로 제한하도록 노력한다는 내용을 포함시켰다. 참고로 파리협약을 통해 마련되는 신기후체제에 참여하는 195개 국가의 온실가스 배출량은 세계 전체의 95% 이상을 차지한다.

한편 지속가능성의 3축(3 Pillars of Sustainability)을 나타낸 그림 1.2에서 지속가능한 발전은 환경적, 사회적 및 경제적 측면 간의 형평성을 추구하며, 지속가능한 발전에서는 (1) 경제적 발전에 대한 수요, (2) 환경적 보존의 필요성이 서로 충돌하며 이 사이에 발생하는 (3) 사회적 문제가 고려되어야 함을 알 수 있다. 그러므로 지속가능성의 개념은 단순히 온실가스 배출로 인한 지구온난화에 국한된 것은 아니며, 전술한 천연자원 및 에너지 소비, 대기, 토양 및 수질 오염, 산업부산물 및 폐기물 발생 및 이의

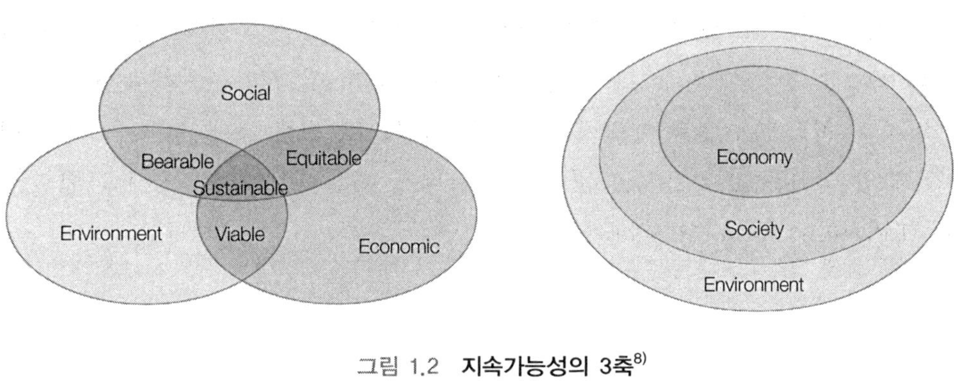

그림 1.2 **지속가능성의 3축**[8)]

재자원화를 포함한 다양한 환경적 문제와 함께 사회적, 경제적 주제를 망라하는 성격을 갖는다.

우리나라 정부는 2008년 저탄소녹색성장(Low Carbon Green Growth)을 50년 국가 비전으로 제시한 바 있으며, 2020년까지 배출전망치(BAU) 대비 30% 감축(이 목표치는 우리나라의 2005년 온실가스 배출량 대비 4% 감축에 해당) 목표를 국제적으로 제시하였고, 2015년에 다시 2030년 BAU 대비 37% 감축으로 상향 조정하였다. 이에 따라 우리나라에는 저탄소녹색성장법 및 동 시행령을 비롯한 여러 가지 환경 관련 법안 및 제도가 비교적 잘 정비되어 있는 것으로 사료된다.[9,10] 그러나 지구온난화 측면에서만 보더라도 우리나라의 온실가스 배출량은 2012년 현재 세계 7위 수준이며, OECD 국가 중 가장 빠른 속도로 배출량이 증가하고 있다.[11] 이는 제조업 등 2차산업 중심의 우리나라 산업구조에 기인하는 바가 크며, 이로 인하여 파리협약에서 요구되는 매 5년 주기의 자발적 기여 방안 마련 및 이의 이행에는 여러 가지 실질적인 어려움이 있을 것으로 예측할 수 있다.

1.2 제도적 접근

기후변화에 관한 정부간 협의체(Intergovernmental Panel on Climate Change, IPCC) 2007년 보고서에 의하면 그림 1.3과 같이 동아시아와 동남아시아 지역의 건물 분야 온실가스 배출은 급상승하고 있는데, 주요 원인은 중국을 포함한 아시아 신흥국가의 인구증가 및 경제적 약진으로 사료된다.[12] 또한 이 보고서는 건물 분야가 그림 1.4와 같이 온실가스 저감을 구현할 수 있는 적합한 분야로 나타나고 있다. 즉 1.4에서 국제시장의 CO_2값 변화에 따라 다소 유동적이지만 주거 및 상용 건물 분야(Building sector)의 CO_2 저감 가능성을 매년 약 60억 톤 수준으로 아주 높게 평가하고 있으며, 이를 위해서는 빌딩 코드(시방서, 설계기준, 표준 등)와 같은 제도적 접근이 매우 효과적인 방법이라고 주장하고 있다.

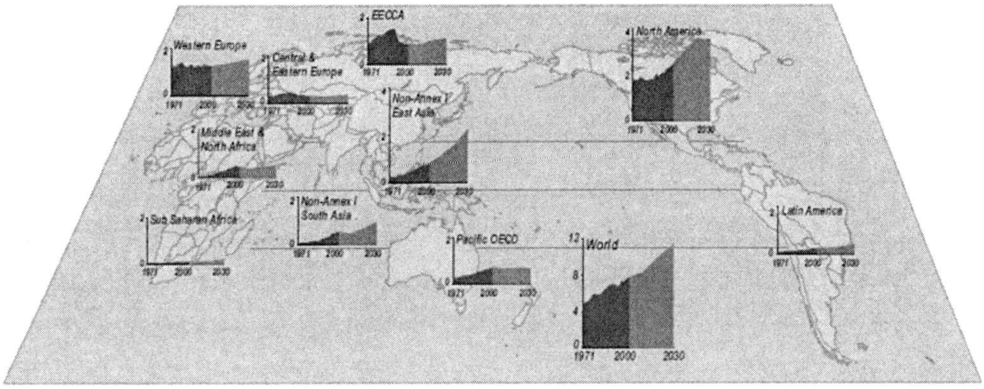

그림 1.3 **CO_2 배출 현황**[12)]

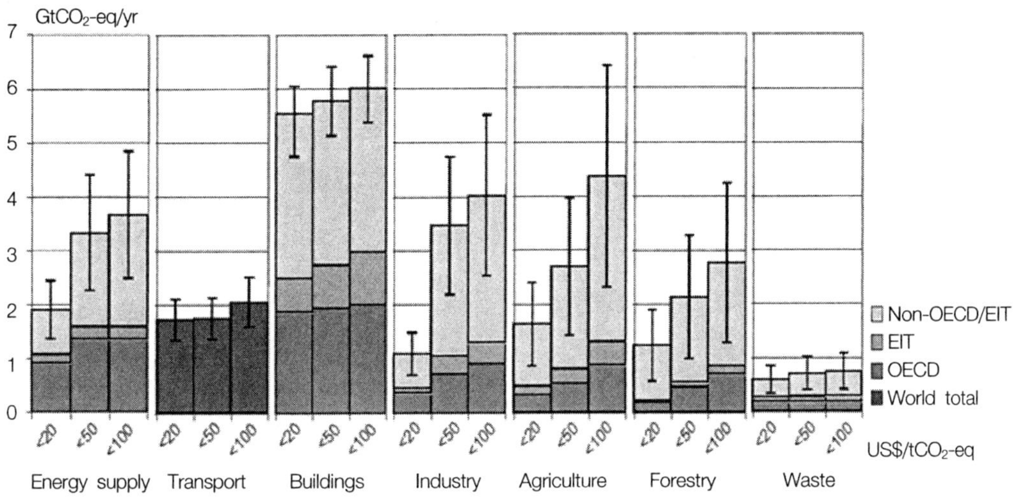

그림 1.4 **각 산업 분야별 CO_2 감축 포텐셜**[12)]

1.2.1 친환경 시방서

최근 국내외적으로 많은 친환경 시방서가 개발되었는데, 이 중 건설 부분의 대표적인 친환경 시방서는 미국의 「International green Construction Code(IgCC)」, 콘크리트에 대해서는 일본토목학회에서 발간된 「콘크리트 구조물의 환경성능 검증지침」, 그리고 일본건축학회의 「철근콘크리트 구조물의 환경배려 시공지침」을 각각 들 수 있다.[13~15)]

1) 미국 IgCC

2012년에 발간된 IgCC는 건축 전반에 대하여 초기 계획단계부터 설계, 시공, 사용 및 유지관리, 폐기단계까지 친환경 기준을 제시하고 있다. IgCC는 독립적으로 활용하기보다는 기존의 다른 기준이나 표준과 동시에 활용하도록 구성되었다. ICC(International Code Council)에서 제정한 이 기준은 자연환경과 건축물 입주자들에게 환경, 건강, 안전 및 복지 측면에서 부정적인 영향을 감소시키고 긍정적인 영향을 증대시키기 위하여 필요한 최소한의 요구사항을 규정한 모델코드의 성격을 갖는다.[13)]

2) 일본토목학회 : 콘크리트 구조물의 환경성능 검증지침 (안)

일본토목학회(JSCE)에서는 2005년에 「콘크리트 구조물의 환경성능 검증지침(안)」을 발간하였다. 이 지침은 일반사항, 환경성, 환경성능의 평가, 환경성능의 검증, 검사 및 기록 등 총 6개 장으로 구성되어 있으며, 일본토목학회의 콘크리트 시방서에서 현재 사용 중인 성능중심설계의 개념이 반영되어 있다. 친환경설계의 개념을 도입, 콘크리트 구조물에서의 환경성에 대한 명확한 정의를 내리고, 이를 평가·검증하기 위한 방법 및 흐름도, 연관관계 분서 및 통합 방법 등을 제시하고 있다.[14)]

3) 일본건축학회 : 철근콘크리트조 건축물의 환경 배려 시공지침 (안) · 동해설

일본건축학회(AIJ)에서는 2008년 「철근콘크리트조 건축물의 환경배려 시공지침(안)·동해설」을 출판하였다. 이 지침은 현장 시공을 중심으로 철근콘크리트 공사에 대해 환경배려 사항을 제시한 것으로 철근콘크리트 구조물의 설계도서, 공사계획서 등에 환경배려 사항을 포함할 때 사용하도록 한 것이다. 즉 철근콘크리트 공사에 관련된 모든 관계자가 각각의 활동에 있어 환경을 고려할 경우 필요로 하는 기본적 방안에 환경배려 사항을 적용함으로써 콘크리트 제조 및 철근콘크리트 건축물의 시공에 있어서 환경부하 저감을 유도하고자 한 것이다.[15)]

4) 한국콘크리트학회 : 콘크리트 구조물의 친환경시방서

한국콘크리트학회에서는 친환경콘크리트위원회를 중심으로 하여 콘크리트 구조물의 친환경시방서(안. 이하 친환경시방서)을 도출하였으며, 이 친환경시방서는 (1) 일반사항, (2) 재료, (3) 시공의 3부분으로 구성되어 있다. 이 중에서 일반사항의 "환경관리 및 친환경 시공계획"에 대한 부분을 요약하여 소개하면 다음과 같다.[16)]

환경관리 및 친환경 시공계획 (안)

1. 일반사항
   가. "환경관리 및 친환경 시공계획"은 건축공사와 관련한 부정적인 환경영향은 감소시키고, 긍정적인 환경영향을 향상시키기 위하여 공사 착공 전에 작성하고 담당원에게 제출하여야 한다.
   나. "환경관리 및 친환경 시공계획"에서는 환경관리 및 친환경 시공의 구체적인 목적을 명시한다.
   다. "환경관리 및 친환경 시공계획"은 다음을 고려한다.
      (1) 친환경적 건설 기법
      (2) 시공 중의 폐기물 관리
      (3) 건설 시 작업환경의 오염원 제어
      (4) 친환경 건설 관련 제지침
      (5) 작업자에 대한 친환경 건설 교육
      (6) 건설과정 동안 국지 환경에 대한 환경
      (7) 영향 최소화 및 측정
      (8) 전과정
      (9) 물류 최소화
   라. 시공자는 해당 공사의 규모 및 용도에 해당하는 법규 및 공사계약문서에서 요구되는 경우에는 "환경관리 및 친환경 시공계획"에 다음 2～6항에 나타난 사항을 고려하여야 한다.

2. 에너지 소비 및 온실가스 배출 저감계획
   가. 공사 중 현장의 전반적인 에너지 소비 계획을 포함한다.
   나. 현장에서 신 · 재생에너지를 이용한 자가발전이 가능한 경우 발전시설물 설치를 통해 공사에 부분 또는 전체 에너지 공급원으로 활용을 고려한다.
   다. 현장 인근에 신 · 재생에너지를 이용한 발전시설이 있는 경우 또는 스마트 그리드를 활용할 수 있는 경우에는 활용을 고려한다.
   라. 건설용 중장비 및 기계기구는 에너지 효율이 높은 장비를 우선 사용한다.
   마. 위와 같은 "에너지 소비 및 온실가스 배출 저감 계획"이 공사 중 계속 유효하도록 정기적인 관리를 수행하고 기록으로 남긴다.

3. 자원의 효율적인 관리계획
   가. 공사 시작 전에 공사에 활용이 가능한 수목, 석재 등 현장 내 주요 천연자원의 목록을 작성하고, 이를 활용하도록 계획한다. 이때 해당공사에 대한 주요 천연자원의 범위는 담당원과 사전에 상의하여 기록으로 남긴다.
   나. 현장의 정지 작업으로 인해 발생하는 흙, 석재, 기타 제거된 식생 등을 최대한 활용할 수 있도록 계획한다. 부득이 폐기하거나 반출하는 경우 현장으로부터 가장 가까운 위치에서 폐기 또는 재사용하여 운반에 소요되는 에너지를 최소화한다.
   다. 해당 공사에 대한 주요 건설폐기물의 종류 및 발생량을 예측하고, 주요 건설폐기물에 대한 재사용 및 재활용 목표를 사전에 설정한다. 이때 산업부산물재활용 계획을 포함한다. 주요 건설폐기물은 콘크리트, 아스팔트 콘크리트, 철근 및 형강 등 강재, 목재, 벽돌 및 블록 등 조적재, 유리, 플래스틱 등의 일부 또는 전부를 포함하고, 창호, 문, 내외장 패널 등도 재활용 대상으로 고려할 수 있다.

라. 시공 중 건설폐기물 발생량이 최소화되도록 계획한다.
마. 현장 내 기존 건축물 등 구조물의 해체는 재활용이 가능하도록 분리선별해체로 수행하고, 해체 후 폐기물의 재사용 및 재활용, 현장 외 반출 및 폐기 계획을 수립한 후에 시행한다.
바. 해당 공사와 관련하여 발생한 주요 건설폐기물은 종류, 양, 현장 내 재사용 및 재활용, 매립, 소각, 기타 목적으로의 현장 외부로의 반출 및 반출처 등 관리 상황을 정기적으로 담당원에게 서면으로 보고한다.
사. 공사 전에 작성한 주요 건설폐기물의 종류 및 양, 그리고 주요 건설폐기물에 대한 재사용 및 재활용 목표를 담당원의 승인을 받아 변경할 수 있다.
아. 상기 항과 같은 건설폐기물 저감 및 산업부산물 재활용계획이 공사 중 계속 유효하도록 정기적인 관리를 수행하고 기록으로 남긴다.

4. 작업장, 대지 및 대지 주변의 환경관리계획
가. 작업장, 대지 및 대지 주변의 환경관리계획은 국지 환경의 소음, 진동, 분진을 포함하고 수질오염, 공기오염 및 토양 오염에 관련한 사항을 포괄한다.
나. 폐유 및 화학약품을 포함하여 강산, 강알칼리 등에 의한 토양오염 및 수질오염이 발생하지 않도록 하여야 한다.
다. 지정 폐기물, 특별 관리 산업폐기물은 관련 법규를 준수하여 적절히 처리하여야 한다.
라. 시공자는 시공 중 소음, 진동, 분진, 탁수, 오수, 충격 등으로 인근주민이나 통행인에게 불편이나 공해가 없도록 최선을 다한다.

5. 수자원 관리계획
가. 수자원 관리계획은 공사 중 현장의 전반적인 수자원 사용계획을 포함한다.
나. 현장에서 직접 관정을 통해 지하수원을 공사에 사용하는 경우, 지하 수자원에 대한 영향을 최소화하도록 하기 위해 사용량을 측정 기록하고, 공사 후 폐공에 대한 조치계획을 수립한다.
다. 현장의 우수를 수자원으로 활용할 수 있도록 하기 위해서 현장 내에 존재하고 있는 기존 습지를 저수지로서 활용하거나, 우수의 포집 및 우수 관거를 사용하여 포집한 인공 집수정 등을 계획한다.
라. 공사용 차도, 인도, 주차장 등의 표면은 가능하면 불투수성 표면 마감을 지양하고, 투수콘크리트 등 투수성이 높은 재료의 사용을 적극 검토한다.
마. 수자원 관리계획은 현장의 오폐수를 수자원으로 재활용할 수 있는 계획을 포함한다.
바. 상기 항과 같은 수자원 활용에 대한 관리 체계가 공사 중 계속 유효하도록 정기적인 유지관리를 수행하고 기록으로 남긴다.

6. 기타
해당 공사와 관련된 법규 및 인허가 조건과 관련된 설계도서 및 계약서, 계약일반조건, 계약특수조건 등에 "환경관리 및 친환경 시공"에 대한 조항 및 언급이 있을 경우는 이를 따라야 한다.

1.2.2 환경설계

환경설계란 최근 fib, ISO 등을 중심으로 정립되고 있는 새로운 설계 개념이며, 2014년 ACI 318에서도 역시 환경설계를 언급하고 있다. 이 절에서는 fib Model Code 및 현재 개발중인 국제표준으로서 ISO/DIS 13315-4의 내용을 간략히 소개한다.

1) fib Model Code 2010

국제콘크리트연맹(fib)의 Model Code 2010에서는 지속가능성에 대한 성능 요구사항(performance requirements for sustainability)이라는 제목으로 환경설계 개념을 처음 도입하였고, 그 목적은 환경, 사회 및 경제에 미치는 콘크리트, 콘크리트 구성요소 및 콘크리트 구조물의 영향을 산정하고 검증함으로써 영향을 감축시키는 것으로 하고 있다. 단, 지속가능성의 3축 중에서 경제적 측면은 제외하고, 환경적 측면과 사회적 측면만을 개념적으로 다루고 있다.[17)]

2) ISO 환경설계

ISO/TC 71(콘크리트, 철근콘크리트, 프리스트레스트 콘크리트)의 SC8(제8분과위원회, 콘크리트 및 콘크리트 구조물의 환경경영)에서는 현재 콘크리트 및 콘크리트 구조물의 환경설계법을 개발하고 있는데, 이 표준은 현재 개발중인 상태(Draft International Standard, DIS)이다. 그림 1.5는 ISO/DIS 13315-4에 나타난 환경설계의 흐름도이다. 설계의 시작과 함께 발주자는 관련 법규를 참고하여 콘크리트 구조물의 환경성능을 설계자에게 요구하고, 설계자는 이에 부응하는 구조물을 설계하며, 설계된 구조물의 환경성능 산정 및 검증을 거치는 성능설계법 형태를 취하고 있으며, 전반적으로 목표 환경성능의 설정, 구조물의 설계, 기대 환경성능의 산정, 환경성능의 만족 여부 검증, 그리고 기록 순으로 진행된다.[18)]

환경설계는 종래의 설계개념인 구조설계, 내구성설계 등과 함께 진행되어야 한다. 또한 발주자는 환경영향 산정에 있어서 콘크리트 구조물의 전과정을 대상으로 할 것인지 혹은 전과정의 일부만을 대상으로 할 것인지 사전에 결정할 수 있다. 그림 1.6에 역시 국제표준으로 개발되고 있는 ISO/CD 13315-8로부터 콘크리트 구조물 전과정의 단계를 나타내었다.[19)]

환경영향의 산정 및 검증이 콘크리트 구조물 전과정 또는 일부 단계만을 대상으로 하는 경우 다음과 같이 구분할 수 있다.

(1) 콘크리트 구조물의 전과정

환경설계가 구조물의 전과정을 대상으로 할 때, 목표 환경성능은 콘크리트 구성재료 및 콘크리트의 생산 및 운송을 포함한 시공 단계, 구조물의 사용 단계, 구조물의

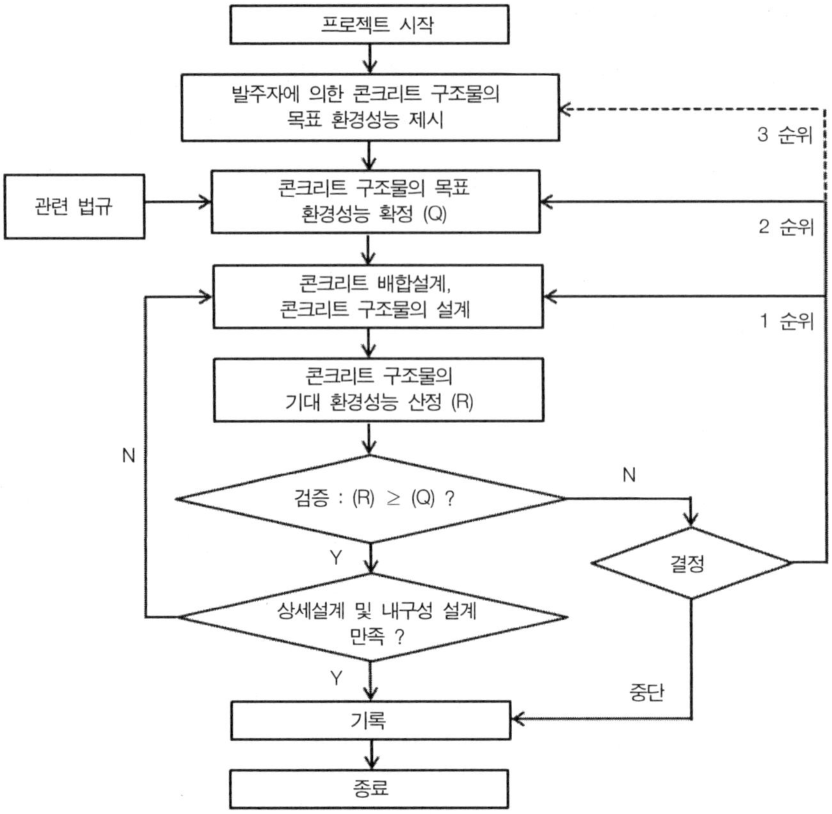

그림 1.5 **콘크리트 구조물의 환경설계 흐름도**[18)]

해체/재사용/재활용/폐기를 포함한 최종 단계를 포함한다.

(2) 콘크리트 구성재료부터 콘크리트 생산까지

콘크리트 구성재료부터 콘크리트 생산까지를 대상으로 하는 경우 이에 해당하는 단계만을 포함한다.

(3) 콘크리트 구성재료부터 콘크리트 구조물의 시공까지

콘크리트 구성재료부터 콘크리트 구조물의 시공까지를 대상으로 하는 경우 이에 해당하는 단계만을 포함한다.

(4) 콘크리트 구성재료 및 콘크리트 생산부터 구조물의 사용 및 유지관리까지

콘크리트 구성재료 및 콘크리트 생산부터 구조물의 사용 및 유지관리까지를 포함한

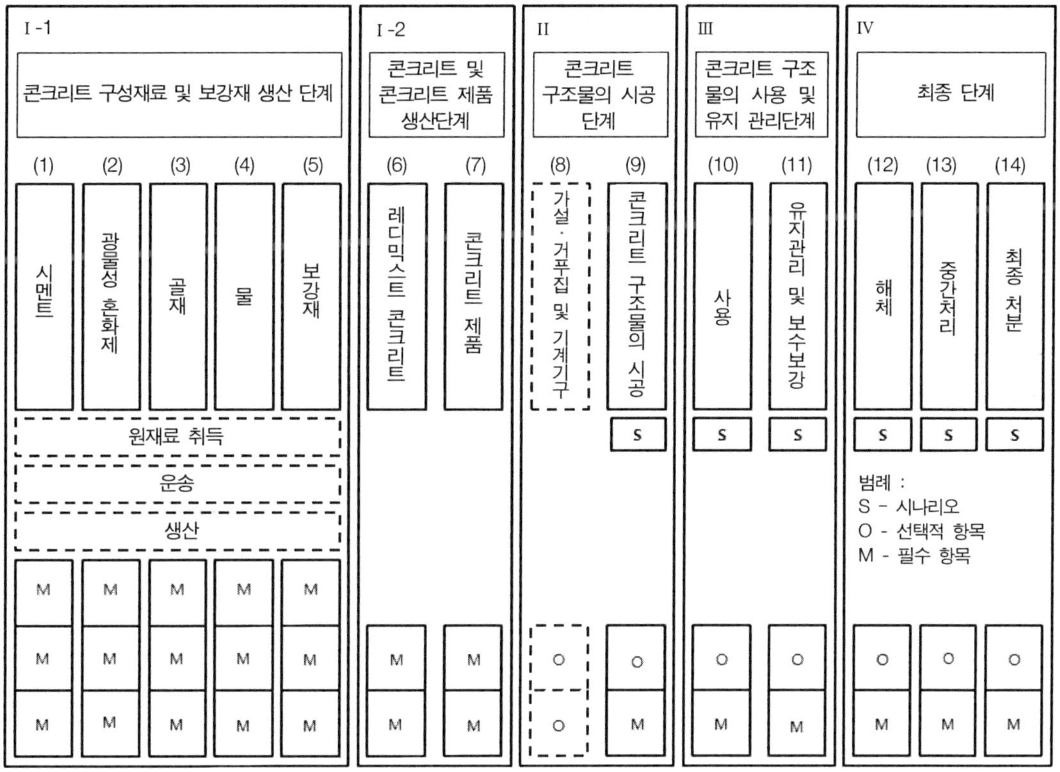

그림 1.6 **콘크리트 및 콘크리트 구조물의 전과정과 정보 모듈**[19)]

사용 단계를 포함하는 경우 이에 해당하는 단계만을 포함한다.

콘크리트 구조물의 설계자는 콘크리트 구성재료, 배합설계, 구조적 상세(부재 단면, 철근량 등) 등에 있어서 환경성능을 고려하여 설계하여야 한다. 콘크리트 구조물이 갖는 환경성능의 산정 및 검증은 다음과 같은 환경영향 범주 전부 또는 일부에 대해 적절한 범주지표를 사용하여 가능하면 정량적으로 평가되어야 한다. 환경성능의 산정은 원칙적으로 ISO 14040 시리즈에 의한 전과정 평가를 원칙으로 한다.[20)] 표 1.1에 주요 환경영향 범주 및 이에 대한 범주지표를 예시하였다.

① 주요 환경영향 범주
- 지구기후변화(지구온난화)
- 성층권 오존층 고갈
- 산성화

표 1.1 **주요 환경영향 범주, 범주 지표 및 단위**

환경영향 범주	범주 지표	단위
지구기후변화	지구온난화 가능성 (GWP)	kg CO_2−eq.
성층권 오존	오존 고갈 가능성 (ODP)	kg CFC−11−eq.
산성화	산성화 가능성 (AP)	kg SO_2−eq.
부영향화	부영양화 가능성 (EP)	kg $(PO_4)_3$−eq.
광화학 산화물 형성	대기층 오존 형성 가능성	kg C_2H_4−eq.
자원 소모 연료 (천연 연료, 폐자원 연료) 기타 자원		MJ kg antimony eq.

- 부영양화
- 광화학산화물 형성(스모그)
- 인체 독성
- 천연자원 소모

② 기타 환경영향 범주

- 폐기물 생산
- 대기 오염
- 수질 오염
- 토양 오염
- 방사선 물질에 의한 오염
- 소음 및 진동
- 기타

환경성능의 검증은 설계된 콘크리트 구조물이 발주자가 요구한 환경성능을 만족하느냐 여부를 검사하는 과정이다. 이 과정은 제3자가 수행하여야 하고, 검증결과 성능이 요구성능을 만족하면 프로젝트를 계속 진행한다. 만일 만족하지 못하는 경우 그림 1.5와 같이 설계의 수정 등 만족할 수 있도록 하여야 한다. 이와 같은 노력에도 불구하고, 성능이 만족되지 않는 경우에 발주자는 프로젝트를 종료시킬 수 있다. 마지막으로 환경설계에 관련된 모든 사항을 기록하고 보관하여야 한다.

1.2.3 환경표준

콘크리트 혹은 건설과 관련한 대표적인 환경표준으로서 ISO 14020 시리즈에 의한 환경성 표시 및 선언을 들 수 있다. 환경성 표시 및 선언의 목표는 제품과 서비스의 환경적 정보를 입증이 가능한 방법으로 정확하게 알림으로써 친환경 제품의 수요를 촉진시키고, 환경에 영향을 덜 미치는 제품과 서비스를 공급하여 시장 주도의 지속적인 환경 개선을 유도하는 것이다. 환경성 표시 및 선언은 콘크리트만이 아니라 일반 산업용 제품에도 널리 적용되고 있으며, 다음과 같이 세 가지 유형이 있다.[21-23]

KS Q ISO 14024, 환경성 표시 및 주장–제1유형 환경성 표시

KS Q ISO 14021, 환경성 표시 및 주장–제2유형 환경성 표시(환경성 자기 주장)

KS I ISO 14025, 환경성 표시 및 선언–제3유형 환경성 선언

이 중에서 제3유형 환경성 선언은 제품의 환경성 선언(EDP) 또는 환경제품 선언(EPD) 등으로도 불리고, 일정한 제품 및 서비스에 대한 전과정 평가를 기초로 하고, 제3자에 의해 선언 내용이 검증되므로 세 가지 유형의 표시 및 선언 중에서 가장 정량적이고 정확한 환경정보를 전달한다. 제3유형 환경성 선언의 프로그램 운영자(program operator)는 제3유형 환경성 선언의 대상 제품에 대한 제품 범주 규칙 product category rules, PCR)을 개발하거나 기존 제품 범주 규칙을 이용한다. 해당 제품의 환경성능을 평가하기 위하여 제품에 대해 전과정 평가를 수행하거나 정량적인 정보(정보 모듈 또는 전과정 목록 데이터 등)를 사용하여야 한다. 선언의 내용은 일반사항, 전과정 평가, 전과정 목록 또는 정보 모듈로부터 나온 데이터와 추가적인 환경정보로 구성되고, 선언된 내용에 대하여 제3자에 의한 검증을 필요로 한다. 우리나라에서는 환경산업기술원(KEITI)이 운영하는 환경성적표지(EDP) 및 탄소성적표지가 이에 해당한다.[24)]

표 1.2 및 그림 1.7에 미국의 한 레디믹스트 콘크리트 회사의 제3유형 환경성 선언 예를 나타내었다. 그림 1.7는 레디믹스트 콘크리트 1 m^3 생산에 대하여 에너지 소비(TPE), 콘크리트 제조용 물 사용(CWB), 세척 등 기타 물 사용(CWW), 지구온난화(GWP), 오존층 고갈(ODP), 산성화(AP), 부영양화(EP), 광화학산화물 형성(POCP) 등의 환경영향에 대한 정량적인 평가 결과를 나타낸다.

표 1.2 **미국 Central 레디믹스트 콘크리트의 제3유형 환경성 선언 (EPD) 서론**

선언 제품	Central 산하 8개 레디믹스트 콘크리트 공장 생산 1,479개 콘크리트 배합
선언 주체	Central Concrete, U.S.
프로그램 운영자	북미 레디믹스트 콘크리트협회(NRMCA)
LCA/EPD	Climate Earth, U.S.
독립 검증기관	Athena Sustainable Materials Institute, U.S.
제품 범주 규칙	North America Product Category Rules (PCR) for ISO 14025 Type III EPD and GHG Protocol, The Carbon Leadership Forum (www.carbonleadershipforum.org)
선언일	2013.4.12
유효기간	5년
EPD 번호	NRMCAEPD : 10001

	Name	Abbreviation	Unit
Mix performance	28-day compressive strength	CS	psi
Mix impacts (per m^3)	Total primary energy consumption	TPE	MJ
	Concrete water use (batch)	CWB	m^3
	Concrete water use (wash)	CWW	m^3
	Global warming potential	GWP	kg CO_2-eq
	Ozone depletion	ODP	kg CFC-11-eq
	Acidification	AP	kg SO_2-eq
	Eutrophication	EP	kg N-eq
	Photochemical ozone creation/smog	POCP	kg O_3-eq

		Perf.	Impacts							
Mix Code	Plant	CS	TPE	CWB	CWW	GWP	ODP	AP	EP	POCP
	minimum	*2,000*	*2.155E+03*	*6.871E-02*	*4.504E-03*	*2.058E+02*	*3.634E-06*	*1.513E+00*	*8.143E-02*	*2.568E+01*
	maximum	*6,000*	*3.629E+03*	*7.287E-02*	*4.504E-03*	*4.819E+02*	*6.637E-06*	*3.466E+00*	*1.395E-01*	*4.745E+01*
325PC901	Brentwood	2,500	2.556E+03	6.871E-02	4.504E-03	3.058E+02	4.237E-06	2.174E+00	9.251E-02	3.072E+01
325PC902	Brentwood	2,500	2.552E+03	7.287E-02	4.504E-03	3.056E+02	4.249E-06	2.173E+00	9.197E-02	3.067E+01
325PC9D1	Brentwood	2,500	2.231E+03	6.871E-02	4.504E-03	2.529E+02	3.634E-06	1.786E+00	8.243E-02	2.572E+01
325PC9D2	Brentwood	2,500	2.225E+03	7.287E-02	4.504E-03	2.525E+02	3.638E-06	1.784E+00	8.143E-02	2.568E+01
325PC9Q1	Brentwood	2,500	2.161E+03	6.871E-02	4.504E-03	2.062E+02	4.591E-06	1.515E+00	1.004E-01	2.760E+01
325PC9Q2	Brentwood	2,500	2.155E+03	7.287E-02	4.504E-03	2.058E+02	4.571E-06	1.513E+00	9.997E-02	2.754E+01
325PG9C1	Brentwood	2,500	2.536E+03	6.871E-02	4.504E-03	3.047E+02	4.147E-06	2.170E+00	8.987E-02	3.063E+01
325PG9D1	Brentwood	2,500	2.311E+03	6.871E-02	4.504E-03	2.674E+02	3.760E-06	1.894E+00	8.401E-02	2.707E+01
325PG9Q1	Brentwood	2,500	2.344E+03	6.871E-02	4.504E-03	2.310E+02	5.036E-06	1.704E+00	1.109E-01	3.082E+01
325PG9Q2	Brentwood	2,500	2.345E+03	7.287E-02	4.504E-03	2.316E+02	5.064E-06	1.707E+00	1.106E-01	3.085E+01
330PC901	Brentwood	3,000	2.671E+03	6.871E-02	4.504E-03	3.246E+02	4.436E-06	2.313E+00	9.581E-02	3.251E+01

그림 1.7 **미국 센트럴 레디믹스트 콘크리트에 대한 제3유형 환경성 선언(EPD)**

1.3 맺음말

온실가스 배출 측면에서 볼 때, 시멘트 생산과 관련한 약 6%의 온실가스 배출을 포함하며 콘크리트 산업이 콘크리트 구성재료 생산부터 시작하여 콘크리트 또는 콘크리트 제품 생산에 이르기까지 우리나라의 총 배출량에서 차지하는 비율은 약 10% 정도로 평가되고 있다.[26)] 콘크리트 산업은 또한 년간 1억 3천만 톤에 이르는 레디믹스트 콘크리트를 비롯한 콘크리트 생산에 방대한 양의 골재 등 천연자원과 수자원을 소비하고 있을 뿐만 아니라 우리나라 총 폐기물의 50% 이상을 차지하는 건설폐기물의 약 3/4을 콘크리트 관련 폐기물로 배출하고 있어서 폐콘크리트 등의 재사용/재활용 역시 환경적, 경제적, 사회적 측면에서 모두 매우 중요한 사항이다.

지구 환경에 미치는 영향 측면에서 보면 시멘트 및 콘크리트를 생산하는 과정에서 온실가스 배출, 자원 및 에너지 소모와 아울러 콘크리트 구조물의 전과정 동안 지구 환경에 대한 영향을 주는 여러 가지 환경적 요인을 판명하고, 그 영향을 감소시킬 수 있도록 하여야 한다. 또한 콘크리트 산업에서 자원이 소모는 다른 분야보다 매우 크므로 콘크리트 구조물의 건설과정 및 해체과정에서 모두 자원 소모를 최소화하는 노력, 그리고 해체 폐기물을 재이용하려는 노력이 필요하다. 또한 콘크리트 구조물의 시공 과정에서 중장비 등은 화석연료를 소모하므로 높은 에너지 효율의 기계와 장비들을 사용하는 것이 바람직하다.

또한, 콘크리트 구조물의 전과정 동안 대기, 토양 및 수질로 배출하는 오염물질의 영향은 지역 환경에 영향을 주는 환경적 요인으로서 고려할 수 있다. 즉 산성화, 부영양화, 스모그 등과 중금속 배출(6가크롬 등), 강알칼리로 인한 피해 등 환경적 요인이 콘크리트 구조물에 의해 지역 환경에 발생할 수 있기 때문에 그 영향을 고려하는 것이 필요하다.

마지막으로 콘크리트 구조물의 시공 중 발생하는 먼지, 소음과 진동이 근로자와 주변 사람들에게 미치는 영향은 건설현장 환경에 미치는 환경적 요인으로서 고려되어야 한다. 일반적으로 건설현장 환경에서의 먼지 방출, 소음과 진동은 법으로 규제된다. 이러한 소음과 진동으로 인한 환경 요인은 콘크리트 구조물 및 그 주변 환경과 관련된 활동의 현장을 포함하는 대부분 한정된 공간에서 발생한다. 소음은 청력 손실, 불편, 그리고 불면증을 야기한다. 진동은 불편과 콘크리트 구조물에 피해를 야기할 수 있다. 따라서 건설현장을 관리하는 것과 작업 환경의 관점에서 저소음과 저진동 차량과 중장비 사용도 고려할 수 있다.

본 실무매뉴얼은 콘크리트 시공기술에서 환경에 미치는 영향을 최소화하거나 방지하기 위해 적용하는 기술 중 가장 효과적이며, 최신단계의 기술인 BAT(Best Available Technology)를 소개하였다. 2장에는 시멘트 및 Supplementary Cementitious Materials 재료 생산에 따른 BAT를 제시하여 이에 따른 실제 CO_2 배출량 및 절감 양을 계산 예제를 제시하였다. 3장에는 레디믹스트 콘크리트의 배합설계, 생산, 운영, 운송에서 CO_2 배출량 및 절감 양을 계산 예제를 제시하였다. 4장에는 프리캐스트(PC) 구조물의 시공에 전반적인 환경부하 및 CO_2 배출량을 최소화할 수 있는 BAT를 제시하였다. 5장에는 콘크리트 구조물의 해체 관련 기준, 공법 등을 제시하였으며 재활용 방안과 순환자원을 활용한 콘크리트 BAT를 제시하였다. 6장과 7장에는 $LCCO_2$ 및 환경영향 평가 방법을 소개하고 예시를 제시하였다.

제2장 재료 관련 BAT

2.1 시멘트

우리나라는 1970년대 이후 시멘트 제조 공정에서 에너지 사용량 저감을 위해 기존 공정 개선 및 새로운 설비 설치 등의 노력을 진행해 왔으나, 이는 CO_2 감축을 위한 노력이라기보다는 에너지 절약 및 원가절감 개념에서의 노력이었다. 현재 시멘트 산업에서 CO_2 감축을 통한 녹색성장을 위한 노력은 신규 설비의 보완 및 개발, 혼합재·혼화재의 함량 증대 등을 들 수 있다. 그렇지만 직접적인 CO_2 감축을 이루어야 하는 공장에서는 신기술 개발 및 설비의 개발·설치에 따른 초기 투자비용 증대라는 부가적인 부담을 감수해야 하는 어려움이 있다. 현재 우리나라 시멘트업계에서 추진하고 있는 CO_2 저감 노력은 다음과 같다.

① 에너지 효율 설비 확충(냉각기, 예비분쇄기, 버너, 분급기 등)
② 폐열발전 설비 도입(버려지는 폐열 회수)
③ 대체연료 사용 증대(폐유, 폐플라스틱, 폐목재 등)
④ 대체원료 사용 증대(슬래그, 석탄회, 비탄산염 CaO 공급원 등)
⑤ 포틀랜드 시멘트 혼합재의 비율 증대(현행 5%에서 10% 상향)

⑥ 혼합시멘트 생산비율 확대(기존 혼합시멘트 사용 확대 및 석회석 혼합시멘트 개발)
⑦ 에너지 저소비형 클링커 제조

시멘트 제조 공정의 신규 설비 투자는 크게 이루어지지 않고 녹색성장을 위해 고려되는 기술은 세 번째에서 일곱 번째까지이나 이들 방법도 공정 적용의 기술적인 어려움, 최종 제품인 시멘트의 물리특성 저하 및 KS 표준 등의 제약으로 한계가 있다. 한편 CCS(Carbon Capture and Storage)와 같은 CO_2 발생 후처리 기술은 선진국에서도 실제로 공정상에 설치 및 적용된 기술이 아니며, 국내에서도 이론적인 검토만 수행하고 있다.

2.1.1 대체연료 사용

대체연료는 폐타이어, 폐플라스틱, 하수 슬러지 건조분, 재생유 등이 사용되고 있으며, 우리나라에서 대부분의 대체연료는 킬른의 입구 부분에 투입되고 있으나 유럽 등의 선진국에서는 메인 버너에서도 대체연료 투입이 이루어지고 있다. 2020년에는 재생연료유, 폐타이어, 폐합성수지, 산업 혼합 쓰레기 등의 대체연료 사용량은 2005년 대비 약 42만 톤(전체 연료 사용량의 17.4%) 정도의 증가가 예상된다.

2.1.2 고효율 설비

우리나라 시멘트 제조설비는 1990년대에 대부분 최신형인 NSP(New Suspension Preheater)가 부착된 킬른으로 대체하였으며, 예열기의 고단화, 롤러 밀의 도입, 예비분쇄기의 도입, 분급기의 설비 교체 및 개조, 냉각기의 개조 등 1970년대 이후 현재까지 꾸준히 고효율화가 추진되어 왔다. 앞으로도 설비의 개조 및 설치에 의해서도 CO_2 배출 저감이 이루어지겠지만 저감률은 그리 크지 않을 것으로 전망된다. 이는 우리나라 설비가 선진국과 비교하여 상당 수준의 신형으로 구성되어 있어 공정 개선으로 CO_2를 감축하는 것은 한계가 있기 때문이다. 현재 추진되고 있는 설비 개선 항목은 다음과 같다.

1) 폐열발전 설비의 도입

일본에서는 1980년대부터 공장 전력 소모량의 일부를 자체 공급하기 위하여 폐열발전 설비가 도입되기 시작하였으며, 최근에는 중국, 태국, 베트남, 파키스탄 등 여러 국가에도 설치되고 있다. 우리나라 시멘트 공장에서도 공장 전력 소모량의 일부를 자체 공급하기 위해 폐열발전 설비가 설치되어 운전되고 있으며, 2015년까지 총 5기의 설치를 완료할 예정이다. 이때 연간 486,000 MW의 전력이 생산된다고 가정할 경우 1 MW의 전력 생산에 해당되는 0.424 톤-CO_2를 적용하면 총 206,064 톤-CO_2의 연간 감축이 가능하다. 이는 시멘트 1 톤당 약 0.50 %의 감축에 해당된다.

2) 냉각기의 개조 및 개선

우리나라 클링커 냉각기는 대부분 grate cooler로 구성되어 있다. 최근에 F.L. Smith사 등에서는 grate cooler type이 아닌 cross bar cooler를 새롭게 개발 설치하여 CO_2 감축 등에 기여하고 있다. cross bar cooler는 일반적으로 시멘트 클링커 생산 시 grate cooler보다 약 20～30 kcal/kg-클링커의 열량을 감소할 수 있다. 따라서 클링커 제조 때 기존 냉각기의 50 %만을 cross bar cooler로 개조한다고 가정할 경우, 시멘트 1 톤당 CO_2의 감축량은 0.63 %로 추정된다.

2.1.3 혼합재 사용량 증대 및 혼합시멘트 확대 사용

CO_2 감축을 위한 방법 중 가장 효과적인 방법은 혼합재 및 혼합시멘트 사용량을 증가시키는 것이다. 시멘트 중에서 일반적으로 널리 사용되는 보통 포틀랜드 시멘트의 KS 표준(KS L 5201)에서 혼합재의 함량은 5 % 이하로 규정되어 있어 혼합재 함량 증대에 따른 CO_2 감축을 제한하고 있다. 고로슬래그 시멘트의 경우 최대 고로슬래그 혼합량은 70 %로 규정되어 있으나 실제 사용량은 약 40～50 % 전후로 최대 혼합량보다 낮은 범위에서 사용되고 있다. 혼합량을 증가시키지 못하는 큰 이유는 초기강도 저하와 응결지연이다. 따라서 혼합재를 다량으로 사용할 수 있는 기술개발이 요구된다. 또한 석회석을 활용한 혼합시멘트의 사용은 CO_2 저감을 위한 효과적인 방법이나 고로슬래그 시멘트와 같은 문제점으로 현재 우리나라에서는 사용되지 않고 있다. 그

러므로 CO_2 저감을 위해서라도 유럽 등과 같이 석회석 혼합시멘트의 사용을 적극적으로 추진할 필요가 있다.

1) 보통 포틀랜드 시멘트의 혼합재 함량 증대

KS L 5201에 규정되어 있는 보통 포틀랜드 시멘트 혼합재 함유량을 5 %에서 10 %로 증가시키면, 2004~2008년 평균 클링커 생산량은 45,427천 톤이므로 5 %는 2,271,350 톤에 해당된다. 이만큼의 클링커 생산량이 감소하므로, 이때에 227,135 톤(클링커 1 톤당 0.1 톤의 유연탄 사용)의 유연탄이 절감되므로 533,767 톤의 CO_2가 감축된다. 또한 원료 조합물의 감축량은 3,520천 톤(클링커×1.55로 가정)이며, 이중 약 90 %인 3,168천 톤이 석회석에 해당된다. 따라서 석회석 투입량 절감에 따른 감축량은 1,172,160 톤이므로, 시멘트 1 톤당 CO_2 감축량은 3.13 %이다. 그러므로 보통 포틀랜드 시멘트의 혼합재 사용량 5 %에서 10 % 증대에 따른 시멘트 1 톤당 CO_2 감축량은 4.63 %로 추정된다.

2) 고로슬래그의 시멘트 사용 확대

고로슬래그 시멘트는 매년 생산량과 소비량이 증가하고 있는 추세로 2008년 전체 시멘트 출하량에서 고로슬래그 시멘트의 출하 비율은 21.4 %를 점유하고 있으며, 매년 증가하는 추세에 있다. 이와 같은 증가 요인으로는 포틀랜드 시멘트에 비해 가격이 저렴한 점, 내구성을 요하는 해양 콘크리트의 증가, 고내구성 콘크리트의 요구 등을 들 수 있다. 2010년 당진에 위치한 현대제철의 고로 가동 및 POSCO의 조강 생산량 확충에 따라 2015년 국내 조강 생산량은 POSCO 3,500만 톤과 현대제철 1,200만 톤을 합쳐 약 4,700만 톤을 상회할 것으로 예상된다. 이에 따라 고로수쇄슬래그의 산출량은 2010년 800~900만 톤, 2011년 약 1,000만 톤 이상이 공급될 것으로 예상된다. 또한 2015년 현대제철의 3차 고로 증설이 예정대로 이루어진다면, 2015년 이후 고로수쇄슬래그의 공급량은 수쇄화율 80 %를 기준으로 하였을 때 현재보다 400만 톤 이상 증가한 1,100~1,150만 톤으로 추정된다.

고로수쇄슬래그 증가량 중 약 100만 톤/년을 고로슬래그 시멘트의 혼합재로 사용한다고 가정하면 약 80만 톤(시멘트 대체량 100만 톤×0.8 톤-CO_2/톤-시멘트)의 CO_2 감량이 가능하다. 따라서 시멘트 1 톤당 CO_2의 감축량은 2.13 %로 추정된다.

3) 석회석 혼합시멘트의 개발

유럽 CEMBUREAU 자료에 따르면 전 세계 25 이상의 나라에서 보통 포틀랜드 시멘트에 1~5%까지 석회석 미분말을 첨가할 수 있도록 규정하고 있다. 예로서 유럽은 EN 197-1에서 CEM Ⅰ(portland cement)에 시멘트 성능을 손상시키지 않는 부가 혼합성분으로서 5%까지를 규정하고 있으며, 석회석 미분말은 부가적인 혼합성분 중 하나로 규정하였다. 스페인과 프랑스에서 석회석 혼합시멘트(Portland Limestone Cement, PLC)를 생산하기 시작하여 현재 영국, 독일, 이탈리아 등 유럽 대부분의 국가에서 사용되고 있다. 1990년대 후반 유럽에서는 보통 포틀랜드 시멘트는 감소세인 반면, 석회석 혼합시멘트의 경우 지속적인 증가 추세를 보이고 있으며, 이탈리아의 경우 시멘트 전체 시장의 약 64%를 석회석 혼합시멘트가 차지하고 있다.

ASTM에서는 미국시멘트협회의 건의를 받아 2005년 포틀랜드 시멘트(ASTM C150)에 석회석 미분말($CaCO_3$ 70% 이상)을 5%까지 혼합할 수 있도록 규정하였다. 이로 인하여 에너지 사용절감 5%, CO_2 2.6%를 감소시킬 수 있을 것으로 예상하고 있다. 캐나다는 1980년대 초반에 일반 포틀랜드 시멘트에 5%까지 석회석 첨가를 허용하였으며, 최근에는 15%까지 석회석 미분말을 혼합한 석회석 혼합시멘트를 규격화하였다. 세계 주요 시멘트 제조사 중 하나인 Holcim사에서는 북미 석회석 혼합시멘트 시장 선점을 위한 전략적 마케팅으로 석회석 혼합시멘트 제품을 출시하였다. 우리나라에서 석회석 혼합시멘트(석회석 혼합량 10%)가 새롭게 개발·공급되어 보통 포틀랜드 시멘트의 10% 대체를 가정하면, 약 40만 톤(시멘트 대체량 50만 톤×0.8 톤-CO_2/톤-시멘트)의 CO_2 감량이 가능하다.

2.1.4 해외 시멘트업계의 CO_2 저감 방안

일본 시멘트업계의 주요 대응전략은 고효율 설비 도입, 대체연료의 재활용 및 원료로의 폐기물 재활용 등으로 압축하고 있으며, 사용 원단위 향상을 통해 에너지 절감 및 CO_2 감축을 시행하고 있다. 일본시멘트협회는 1990년 대비 에너지 원단위 3% 감축 목표를 제시하고, 에너지는 화석연료와 구입 전력만을 대상으로 하고, 폐타이어, 폐플라스틱 등 대체연료 활용 효과를 감축량으로 처리하였다. 그 결과 에너지 원단위는 1990년 대비 2007년에 3.6% 감축을 달성하였으며, 시멘트 수요 감소로 에너지 관련 CO_2 배출량은 23% 감소하였으나 최근에는 공공 부문 투자 감소에 따른 혼합시멘트 감소로 CO_2 원단위는 다소 증가한 것으로 보고 있다.

독일시멘트협회는 CO_2 감축 목표로서 에너지 관련 CO_2 원단위를 28% 감축하는 것을 제시하였으며, 추진 방법은 정부와 자발적 협약을 통해 진행하고 있다. 주요 감축 방법으로 가연성 폐기물 연료의 재활용, 구형 타입의 소성로를 고효율 신형 타입으로 교체 등을 시도하고, 또한 시멘트 관련 규격에 혼합시멘트에 대한 차별을 제거함으로써 혼합시멘트 확대를 도모하고 있다.

미국은 에너지 사용량 감소에 초점을 맞추어 감축 활동을 진행중에 있으며, 플랜트 업그레이드를 통한 에너지 효율 향상, 에너지 · 천연자원 사용량 저감을 위한 최적 제품 설계, 에너지 효율과 내구성이 개선된 시멘트 및 콘크리트의 새로운 응용법에 대한 연구를 진행중에 있다. 또한 미국시멘트협회는 CMS(Cement Manufacturing Sustainability) 프로그램 개발을 통해 45개 회사, 101개의 공장에서 제품 생산 또는 판매 1톤당 CO_2 발생 원단위를 2020년까지 1990년 대비 10% 감축하는 자발적 장기 목표를 수립하여 운영중에 있다. 또한 EMC(Energetically Modified Cement)를 도입하여 산업부산물에 새로운 분쇄기법(혼합재 입자에 균열, 디스로케이션 발생 등)을 적용한 기술을 도입하여 혼합재 함량 증대를 도모하고 있다.

Texas EMC Products, Inc.에서 CemPozz(EMC, highly reactive pozzolan)라는 상품명으로 제품을 판매하고 있으며, 1일 재령 압축강도 값이 약 25% 수준으로 향상되었고, 혼합재 함량을 최대 70%까지 사용해도 보통 포틀랜드 시멘트와 동등한 물성발현이 가능하다고 보고하였다.

APP(Asia-Pacific-Partnership)는 시멘트 산업에서 에너지 절감 및 자원절약 기술을 정리 배포하였다. 이러한 기술은 이미 상업화된 것으로 독일, 프랑스 등 유럽 국가가 대부분의 원천기술을 보유하고 있으며, 일부 기술은 일본이 보유하고 있다. 이에 따라 우리나라 시멘트 제조시설의 많은 부분이 유럽이나 일본 모델을 반영하여 운영하고 있는 실정이다. 고효율 설비의 일례로 라파즈 그룹의 버너설비 · 운영기술 및 F.L. Smith사의 냉각기 등을 들 수 있다. Cross bar cooler는 기존의 grate cooler보다 높은 에너지의 효율, 높은 온도의 2차 및 3차 공기, 전력소모량 감소, 냉각기 수명의 연장, 냉각기 하부로의 클링커 낙하 방지 및 손쉬운 운전 등의 장점을 갖고 있다. 유럽 및

표 2.1 CO_2 저감을 위한 시멘트 혼합재 및 혼화재 동향

국가	현황
중국	세계 시멘트 생산량의 약 1/2를 차지 2001년 4월 EN 표준과 유사하게 표준을 제정하여 석회석 혼합재 함량을 약 15 %까지 사용하도록 규정
일본	온실가스 저감 등을 목적으로 혼합재 사용량 확대를 추진 중 시멘트 혼합재로 석회석 추가 강열감량을 3 %에서 5 %로 상향 조정
호주	2009년 아세아-태평양 파트너십 시멘트 Task force 회의에서 석회석 혼합재를 현행 5 %에서 10 %로 상향 사용하는 것을 시멘트업계의 주요 현안으로 제시
캐나다	2009년 Portland limestone cement(석회석 함유량 15 %) 표준 제정

캐나다 등은 혼합재 함량 및 종류를 다양화하여 다양한 혼합시멘트 규격 제정을 하고 있다. 표 2.1에 CO_2 저감을 위한 시멘트 혼합재 및 혼화재의 동향을 나타내었다.

2.2 시멘트 대체재료

2.2.1 플라이애시

일반적인 석탄 연소 공정을 그림 2.1에 나타내었다. 미분탄 연소에 의해 발생하는 석탄회는 연소 배가기스 중에서 먼저 보일러의 바닥에 낙하하여 물에 의해 냉각된 덩어리 모양의 재(클링커 애시)가 발생한다. 다음으로 절탄기와 공기 예열기의 열회수 부분에 낙하해 신더애시가 발생하며, 그 후 대부분의 플라이애시는 최후로 전기집진기에 의해 포집된다. 신더애시와 플라이애시는 채집 공정 중에 혼합된 형태로 취급되고 있는데, 혼합된 후의 재가 플라이애시 원분으로 불리고 있다.

플라이애시 처리 공정은 발전소의 집진설비에 의해 저장용 사일로에 저장된 플라이애시를 밀폐식 차량인 B.C.T 벌크 트레일러를 이용하여 저장 사일로에서 슈트를 통해 흩날림 없이 직접 상차하여 정제공장으로 운송한다. 정제공장에서 하차는 공기 압축식에 의해 사업장 일반폐기물 저장용 사일로로 운송되며 분별기에 의해 플라이애시를 탄소함량과 입경에 따라 선별한다. 원료로 투입된 플라이애시 중에서 탄소분이 다량

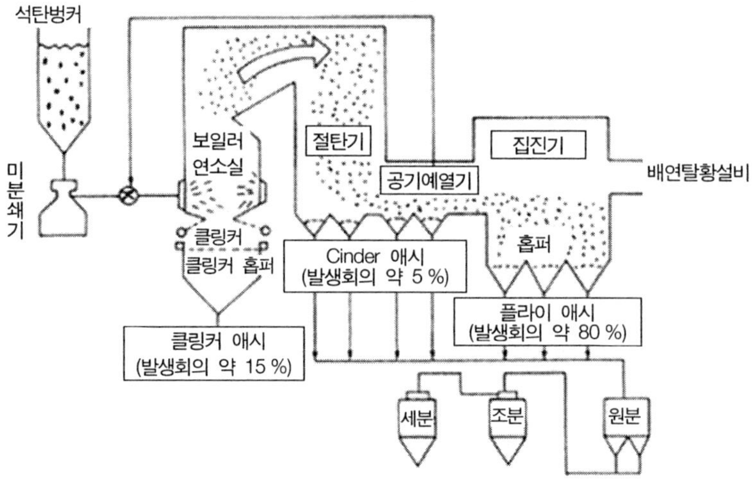

그림 2.1 **석탄회 발생 공정**

함유된 부분은 반송용 사일로에 저장된다. 분별기로 선별된 플라이애시는 사이클론을 통해 2차 선별된 후 정제 사일로에 저장된다.

1) 플라이애시 재활용 현황과 전망

석탄회의 재활용은 경제적 효과 이외에도 환경보존, 에너지 절감 및 온실가스 방출 저감 등의 효과를 기대할 수 있어 지속가능한 건설기술의 핵심요소 중 하나이다. 선진국에서는 40~50년 전부터 토목과 건축 분야에 석탄회 재활용을 적극 추진하였으며, 표 2.2에 나타낸 바와 같이 다양한 정책적 지원이 이루어지고 있다. 이에 따라 유럽연합에서는 석탄회의 재활용률이 86 %에 이르며, 일본은 81 %이다. 우리나라도 국가자원의 유효이용을 위해 '자원의 절약과 재활용 촉진에 관한 법'을 개정하는 등 적극적으로 산업부산물의 재활용을 독려하고 있다. 국내의 본격적인 석탄회 재활용은 1990년대 후반부터 시작되어 약 10여 년에 불과하지만 다양한 정책적 지원과 투자에 힘입어 2000년도 이후의 재활용률은 꾸준히 증가하고 있다.

2011년 플라이애시의 재활용률은 표 2.3에 나타낸 바와 같이 75 %로서 2009년도 대비 7 %가 증가하였다. 2012년의 경우 유연탄 발전소의 플라이애시는 발생량의 48 %가 정제처리되어 레미콘 혼화재 분야에 재활용되었으며, 무연탄 발전소에서 발생되는 플라이애시는 점토 대체재로서 시멘트 부원료로 14 %가 재활용되었다. 화력발전소의 경우에는 건설할 때 시멘트의 10% 이상을 플라이애시로 대체하여 사용하도록 의무화하고 있으며, 원자력발전소의 경우도 신규 건설된 신고리 1, 2호기부터 플라이애시를 사용하고 있다.

표 2.2 CO_2 저감을 위한 시멘트 혼합재 및 혼화재 동향

국가	재활용 추진 현황
영국	중앙발전국에서 석탄회를 관리하며, 중앙정부 건설소에서 석탄회 관련 기술지도를 실시함. 유효 이용 기업 및 공장이 활성화됨.
네덜란드	통산성 및 후생성에서 석탄회 처분 위원회를 설치함. 동 위원회의 지도로 유효 이용 연구개발이 활발함.
서독	발전기술협회에서 기초 기술 연구들을 수행함. 발전소 및 민간단체에서 응용기술을 개발함.
프랑스	정부, 전력청, 전력공사 및 석탄공사 중앙연구소가 기술을 지도함. 중앙연구소 예산의 50% 이상을 산업성과 석탄청에서 부담함. 1920년대부터 혼합시멘트를 연구하여 전체 시멘트의 90%가 혼합시멘트임.
캐나다	석탄회 이용 프로젝트를 지원하는 공익회사가 있음. 플라이애시를 원료로 하는 새로운 경화재를 개발함. 콘크리트에 플라이애시 사용을 의무화함. High-volume 플라이애시 콘크리트에 대한 다양한 연구개발이 활발함.
미국	정부 계약공사에 석탄회 이용을 장려함. 에너지 연구 개발국, 석탄재 협회, 전력 연구소 등이 석탄회 재활용을 촉구함.
일본	석탄 기술연구소, 전력 중앙연구소 등의 단체가 유효 이용기술 개발을 지원함. 플라이애시를 사용한 콘크리트 배합 설계 · 시공 지침을 마련함. High-volume 플라이애시 콘크리트의 실용화를 위한 연구가 활발하게 진행됨.

표 2.3 플라이애시의 연도별 재활용 현황과 전망

구분	발생량 (천 톤)			재활용량 (천 톤)			재활용률 (%)		
	2005	2009	2011	2005	2009	2011	2005	2009	2011
남동발전	1,290	1,760	2,112	350	1,300	1,584	27	74	75
중부발전	950	1,360	1,181	500	860	886	53	65	75
서부발전	760	1,150	982	640	890	737	84	77	75
남부발전	920	970	879	530	490	659	58	51	75
동부발전	960	1,610	1,769	760	1,120	1,326	79	70	75
합 계	4,880	6,850	6,923	2,780	4,660	5,192	57	68	75

표 2.4 플라이애시 재활용 분야(2012년)

구분	발생량 (만 톤)	재활용량 (만 톤)				매립 등
		소계	레미콘	시멘트원료	기타(성토재)	
플라이애시	905 (80 %)	720 (80 %)	428 (48 %)	129 (14 %)	163 (18 %)	185 (20 %)

2) 석탄회의 CO_2 발생량

플라이애시의 생산, 운반, 사용 후 폐기까지 CO_2 전과정평가는 아직 이루어지지 않았지만, 이들 재료의 생산을 위해 소비되는 전력 사용량 및 연구자들의 제안 값을 참고로 CO_2를 평가할 수 있다(표 2.5). 2009년 남동발전소에서 플라이애시 생산을 위해 전기집진기 및 정제설비에서 소요된 전체 전력사용량은 43,371 MWh였다. 전력사용량에 대한 CO_2 배출계수인 0.5554 ton-CO_2/MWh를 적용하면 남동발전소의 플라이애시 1톤 생산을 위한 전력소비로부터 배출되는 CO_2는 약 13.7 kg이다. 한편, 일본토목학회의 「콘크리트 구조물의 환경성능 조사 지침」에서 고로슬래그 1톤과 플라이애시 1톤을 생산할 때 CO_2 배출량은 각각 25.5 kg과 19.6 kg으로 보고되어 있다. 하지만 이들 CO_2 배출계수는 운반과정만을 고려한 값으로서 전과정평가에 의한 값이 아니다. Davidovits는 플라이애시의 생산과 운반, 그리고 화학반응을 고려하여 플라이애시의 CO_2 배출계수를 90 kg-CO_2로 제시하고 있다. 비록 이 값도 전과정평가에 의한 값은 아니지만 유효한 데이터가 없기 때문에 플라이애시의 CO_2 배출계수를 90 kg-CO_2로 가정하여 보통 포틀랜드 시멘트와의 비교에 이용하였다.

표 2.5 석탄회 및 콘크리트 구성요소의 전과정평가에 의한 CO_2 배출계수

보통 포틀랜드 시멘트(kg-CO_2/ton)	잔골재 (kg-CO_2/m^3)	굵은 골재 (kg-CO_2/m^3)	플라이애시 (kg-CO_2/ton)
810	3.576 (2.04 kg-CO_2/ton)	11.146 (7.19 kg-CO_2/ton)	13.7 (90)

3) 플라이애시의 혼화재 사용에 따른 CO_2 절감 효과

2012년 국내의 시멘트 총 출하량은 약 36,300천 톤이며, 이 중 레미콘 생산을 위해 소요된 양은 약 36.3백만 톤이고 프리캐스트 콘크리트 및 기타 분야에 소비된 시멘트 양은 약 6.5백만 톤이다. 한편, 2012년 레미콘 생산 시 시멘트 혼화재로서 소요된 플라이애시는 약 3.99백만 톤으로서 이는 시멘트 양의 약 11%이다(표 2.6). 2012년 레미콘산업에서 시멘트의 일부를 플라이애시로 대체한 결과 두 재료의 CO_2 배출계수로부터 계산된 CO_2 감소량은 약 2,873천 톤으로 평가될 수 있는데, 이는 시멘트 사용에 따른 CO_2 배출량을 7.7% 감소시킨 효과이다(표 2.6).

2012년 국내의 시멘트 총 출하량에 대해 플라이애시로 치환하였을 경우 CO_2 감소율은 플라이애시 치환율 증가와 함께 직선비례로 증가하는데, 플라이애시의 일반적 치환율인 20%에 대해서 시멘트 사용량에 따른 CO_2 배출량은 15.5%로 줄일 수 있다(표 2.7).

표 2.6 **2012년 레미콘 산업에서 플라이애시 사용을 통한 CO_2 감소 효과**

시멘트 (천 톤)	플라이애시 (천 톤)	CO_2 (천 톤-CO_2)		플라이애시로 시멘트 대체한 결과 CO_2 감소 (천 톤-CO_2)
		시멘트	플라이애시	
36,300	3,990	29,403	359.1	2,873 (7.6%)

표 2.7 **플라이애시로 시멘트를 대체했을 경우 CO_2 감소 효과**

플라이애시 치환율 (%)	2.5	5	7.5	10	12.5	15	17.5	20
CO_2 감소량 (천 톤)	938	1876	2814	3751	4689	5627	6565	7503
CO_2 감소율 (%)	1.9	3.9	5.8	7.7	9.7	11.6	13.5	15.5

2.2.2 고로슬래그

우리나라는 1960년대 이후 경제 발전이 지속적으로 진행되어 왔으며, 그 중에도 철강산업은 눈부신 발전을 거듭해왔다. 한국철강협회의 자료에 의하면 국내의 조강생산능력은 1998년 IMF 시기에 다소 주춤하였으나, 매년 꾸준히 증가하여 2008년에는 약 53,322천 톤으로 세계 6위의 조강생산량을 나타내었다. 2009년에 다소 실적이 저조한 것은 세계적인 경기 후퇴에 기인한 것이며, 앞으로도 지속적인 성장이 예상된다. 1992년 이후 연평균 증가율은 전로 2.4%, 전기로 6.2%, 합계 3.7%이며, 조강생산량의 증가는 전기로에 의한 생산 증가율이 기여한 바가 크다.

철강산업은 다량의 원료와 에너지를 소비하는 대표적인 업종으로 제선, 제강, 압연 등의 복잡한 생산 공정이 수반된다. 특히 제철에 사용되는 용광로에는 선철을 만들어 내는 고로와 제강을 만들어내는 전로와 전기로가 있으며, 각각의 제철 공정에서 사용되는 원재료도 다르다. 고로의 경우 철광석, 코크스 등을 원료로 사용하고 있으나 전로의 경우에는 선철을, 전기로의 경우에는 고철을 사용하고 있다. 또한 이와 같은 제철 공정에서는 다량의 원료가 사용되어 복잡한 생산 공정을 거치는데, 이러한 생산 공정에 수반하여 부산물인 철강 슬래그를 발생시키고 있다.

1) 철강 슬래그의 재활용

연도별 철강 슬래그의 발생량과 함께 재활용을 나타낸 표 2.8에서 알 수 있는 바와 같이 철강 슬래그는 100% 가까이 재활용되는 것으로 나타나고 있다. 그러나 이것이 당해 연도에 발생된 슬래그를 모두 재활용했다는 것을 의미하는 것은 아니다. 재활용 통계값은 슬래그의 당해 연도에 발생한 슬래그 양에 상당하는 양을 재활용했다는 의미이다. 그러므로 재활용이 활성화되기 이전에 배출된 많은 양의 슬래그는 활용되지 못하고 그대로 존치되어 있는 실정으로 이를 활용하기 위한 좀 더 적극적인 노력이 필요하다. 철강 슬래그의 종류에 따른 재활용 비교를 표 2.9에 나타내었다. 고로슬래그의 경우 재활용에 대한 다양한 연구가 진행되어 2008년도에는 70.4%, 2011년도에는 66.3%의 슬래그가 시멘트 원료 및 비료용으로 사용되고 나머지가 도로용, 성토용 등으로 활용되고 있어 비교적 부가가치가 높은 분야에 재활용되고 있음을 알 수 있다.

표 2.8 **철강 슬래그 발생 및 재활용 추이**

구 분	2009년			2010년			2011년		
	고로	제강	계	고로	제강	계	고로	제강	계
발생량 (천 톤)	8,868	7,831	16,699	11,087	9,272	20,359	13,599	10,330	23,929
재활용량 (천 톤)	8,868	7,800	16,668	11,074	9,240	20,314	13,599	10,305	23,904
재활용률 (%)	100.0	99.6	99.8	99.9	99.7	99.8	100.0	99.8	99.9

표 2.9 **고로슬래그의 재활용 용도**

구 분	2008년		2011년	
	사용량 (천 톤)	비율 (%)	사용량 (천 톤)	비율 (%)
시멘트	7,098	69.4	15,060	63.0
도로용	2,628	25.7	1,267	5.3
성토용	69	0.7	6,119	25.6
비료	329	3.2	789	3.3
기타	104	1.0	669	2.8
합 계	10,228	100.0	23,904	100.0

2) 고로슬래그 재활용에 따른 CO_2 절감 효과

고로슬래그는 발생량의 대부분이 현재 재활용되고 있는데, 시멘트 원료 및 콘크리트용 혼화재로 활용하는 것이 골재로 활용하는 것보다 경제적 이익이 더 클 것으로 판단되며, 특히 시멘트 대체재료로서 활용할 때는 다량의 시멘트를 대체하여 사용이 가능하기 때문에 시멘트 생산을 위한 클링커의 생산량 감소가 가능하여 탈탄산과정 및 소성과정에서 발생되는 CO_2의 배출량을 다량 감소시킬 수 있다.

고로슬래그의 종류별 재활용에 따른 CO_2 저감 효과는 표 2.10과 같다. 급랭 슬래그의 시멘트 대체재로 활용할 때 1종 보통 포틀랜드 시멘트 제조에 따른 CO_2 발생량을

표 2.10 **고로슬래그 사용에 따른 CO_2 저감 효과**

국가		재활용 추진 현황
급랭 슬래그	시멘트 제조 (혼합 시멘트)	보통 포틀랜드 시멘트 1톤 생산할 때 발생되는 CO_2 발생량 ⇒ 약 830 kg-CO_2/t 고로슬래그 시멘트 1톤 생산할 때 발생되는 CO_2 발생량 ⇒ 약 192 kg-CO_2/t 혼합시멘트 사용에 따라 최대 324 kg-CO_2/t 절감 (고로슬래그를 50 % 사용할 경우) 가능
	혼화재 사용	고로슬래그 미분말 사용할 때 적정 시멘트 대체율 =〉 25~45 % 예) 규격 25-24-150, 설계 단위시멘트량 350 kg/m^3의 경우 고로슬래그 미분말 대체율 20 % 적용 시 시멘트량 20 % 절감
	잔골재 사용	콘크리트용 잔골재 사용할 때 입도 조정을 위한 분급 공정 이외에 별도의 CO_2 발생 공정이 불필요 ⇒ 바다모래 생산 공정은 채취, 체 선별, 세척 공정 진행 ⇒ 부순모래 생산 공정은 채굴, 파쇄, 체 선별 공정 진행
서랭 슬래그	콘크리트용 골재	골재 자원화를 위한 분쇄 및 분급 공정에서의 CO_2 발생량

저감시킬 수 있는 것으로 나타나고 있으며, 잔골재로 활용할 때는 바다모래 및 부순 모래에 비해 제조 공정의 단순화를 통해 소모되는 전력 사용량 절감을 유도할 수 있는 것으로 나타났다. 또한 서랭 슬래그의 재활용에 있어서도 슬래그의 파쇄 및 분급 공정을 통한 굵은골재 자원의 활용이 부순골재를 제조하는 공정에 비해 단순화가 가능하여 골재 제조 공정에 따른 CO_2 가스의 발생을 저감시킬 수 있다.

2.2.3 실리카 퓸

콘크리트 기술이 고도화, 복잡화 및 다양화되어 감에 따라 콘크리트의 성능에 대한 요구도 다양해져 콘크리트에 사용되는 혼화재료도 다양화되어 가고 있다. 현재 콘크리트용 혼화재료로는 환경을 고려한 산업부산물의 적용이 증가하고 있다. 이와 같은 산업부산물 중 고강도 콘크리트에 적용되고 있는 실리카 퓸은 국내에서는 생산되지 않는 재료이지만 실리카 퓸에 대한 규격, 기준 등이 제정되어 콘크리트 혼화재료로서 널리 사용되고 있으며 사용량이 증가하고 있다.

실리카 퓸은 각종 실리콘이나 페로실리콘 규소합금이나 실리콘 금속(크롬실리콘, 실리콘망간)을 약 2,000 ℃의 전기아크식 노에서 제조할 때 발생하는 배기가스 중 떠다니는 초미립분을 집진기로 포집한 것이다. 실리카 퓸은 국내에서는 생산되지 않는 제품으로 전량 수입에 의존하고 있다. 주요 생산국으로는 미국, 노르웨이 등 수력자원이 풍부한 나라들이 대부분이다.

일반적으로 CO_2는 실리콘이나 페로실리콘, 규소합금이나 실리콘 금속(크롬실리콘, 실리콘 망간) 등을 생산 및 운반할 때 발생한다. 표 2.11은 고강도 콘크리트 배합비의 예이며, 표 2.12는 고강도 콘크리트의 특성을 나타낸다. 표 2.13은 배합비에 따른 CO_2 배출량 및 감소율을 나타낸다. 이때 CO_2의 배출량은 재료를 생산할 때 발생하는 양과 운반 시 발생하는 양을 포함하고 있다. 실리카 퓸만을 사용한 경우 압축강도는 상대적으로 높지만 CO_2 배출량의 감소는 크지 않은 것으로 나타났다. 그러나 다른 산업부산물인 고로슬래그 미분말, 플라이애시 등과 혼합하여 사용하면 성능 향상 및 경제성 향상과 더불어 CO_2의 배출량도 감소시킬 수 있다. 시멘트의 사용량이 증가할수록 CO_2의 배출량은 크고 실리카 퓸과 다른 산업부산물을 혼합하여 사용할 경우 CO_2 배출량을 감소시킨다.

표 2.11 **고강도 콘크리트의 배합비**

배합 번호	물/결합재비	단위 결합재료 (kg/m^3)	시멘트/결합재 (%)	고로슬래그 미분말 (Grade 100)/결합재 (%)	플라이애시/결합재 (%)	실리카 퓸/결합재 (%)
No.1	0.43	348.8	70	–	30	–
No.2	0.43	334.6	55	40	–	5
No.3	0.43	334.6	50	50	–	–
No.4	0.43	348.8	55	42	–	3
No.5	0.43	349.4	70	–	27	3
No.6	0.43	348.8	65	–	30	5
No.7	0.43	334.6	95	–	–	5

표 2.12 **고강도 압축강도 시험결과**

배합 번호	압축강도(MPa)		건조수축($\times 10^{-6}$)
	7 일	28 일	28 일
No.1	30.75	40.33	430
No.2	43.92	63.09	370
No.3	31.85	46.68	550
No.4	46.47	50.26	330
No.5	34.61	49.23	520
No.6	35.16	46.40	420
No.7	45.30	59.29	500

표 2.13 **배합에 따른 가격 및 CO_2 배출량**

배합 번호	콘크리트 가격 ([1]/m^3)	CO_2 배출량 (kg/m^3)	CO_2 배출량 (고속도로 5km 기준 (kg))	CO_2 배출량 감소율 (%)
No.1	77.99	230.65	2,018.21	27.1
No.2	128.45	178.90	1,565.37	41.1
No.3	82.58	164.43	1,438.74	45.8
No.4	110.10	186.27	1,629.85	41.1
No.5	105.51	231.03	2,021.51	27.1
No.6	123.86	214.83	1,879.78	32.1
No.7	128.45	297.48	2,602.99	2.0

제3장

레디믹스트 콘크리트 BAT

이 절에서는 레디믹스트 콘크리트 공장에서 콘크리트 생산 및 운반활동과 관련한 BAT로서 CEB-FIB[3-1]의 환경설계 내용을 중심으로 기술한다. 레디믹스트 콘크리트의 생산에서 탄소저감을 고려한 실무적 기술로는 시멘트 양을 줄이고 혼화재 사용을 증가시키는 기술을 들 수 있다. 따라서 혼화재 사용에 의한 콘크리트 탄소저감에 대한 기술로서 콘크리트 등가내구성 기반의 배합설계 및 목표 CO_2 저감에 기반한 콘크리트 배합설계 기술도 소개한다.

3.1 BAT 시스템

3.1.1 콘크리트 생산 및 운반단계에서의 환경영향

레디믹스트 콘크리트의 생산 및 운반과 관련된 환경영향은 다음과 같다.

- 전력소비에 의한 지구온난화
- 화석연료 연소에 의한 공기 오염
- 반환 콘크리트에 의한 고형 폐기물

• 콘크리트 구성재료들의 수령에서 소음 및 먼지

1) 지구온난화

콘크리트 생산과 운송단계에서 배출되는 지구온난화 가스의 주요 원(source)으로는 콘크리트 구성재료들의 사일로까지 운반에서 전력소비, 콘크리트 및 그 구성재료들의 가열 및 냉각에서 전력소비와 화석연료 연소, 콘크리트 배합에서 전력소비, 콘크리트 운송에서 화석연료 소비 등이다. 캐나다의 레디믹스트 콘크리트 공장에서 콘크리트 1 m^3 생산을 위해 사용되는 평균 에너지 소비는 2.90 kWh(15.7 MJ)의 전기, 5.95 L(210.6 MJ)의 디젤연료와 1.09 m^3(45.8 MJ)의 천연가스이다.[3-2] 따라서 캐나다에서 콘크리트 1 m^3 생산을 위해 배출되는 에너지 소비와 CO_2 배출량은 각각 272.1 MJ과 14.2 kg으로 평가된다. JTCCM(Japan Testing Center for Construction Materials)[3-3]는 콘크리트 1 m^3 생산을 위해 사용되는 평균 에너지 소비는 4.71 kWh(19.0 MJ)의 전기와 1.57 L(55.57 MJ)의 디젤연료로 보고하였는데, 이는 5.94 kg의 CO_2 배출량으로 환산될 수 있다. 국내의 경우 평균 에너지 소비는 2.90 kWh(15.7 MJ)의 전기, 5.95 L(210.6 MJ)의 디젤연료와 1.09 m^3(45.8 MJ)의 천연가스이며, 총 에너지 소비는 272.1 MJ이며, CO_2 배출량은 0.71 kg으로 평가된다.[3-4]

콘크리트 운송에서 에너지 소비는 레디믹스트 콘크리트 공장부터 현장까지의 거리에 따라 결정된다. AIJ(Architectural Institute of Japan)의 "LCA Guideline for Buildings"[3-5]에서는 콘크리트 1 m^3 운송을 위한 CO_2 배출량을 10.4 kg으로 평가하고 있다. 하지만 콘크리트 운송을 위한 레미콘 트럭의 국내 LCI 데이터베이스를 이용하면 운송거리 50 km에 대해 CO_2 배출량은 33 kg으로 평가될 수 있다.

국내의 환경영향 프로그램인 'TOTAL'은 콘크리트 설계강도 21과 24 MPa에 대해 환경영향을 제시하고 있다(표 3.1). 하지만 이들 데이터는 콘크리트 구성재료들의 LCI 데이터를 이용하여 산정한 것으로서 레디믹스트 콘크리트 공장에서 콘크리트 생산 및 운송단계에서 에너지 소비를 고려하지 않고 있다.

표 3.1 **레디믹스트 콘크리트의 환경영향**

구 분 환경영향	레디믹스트 콘크리트 (25-21-120)	레디믹스트 콘크리트 (25-21-150)	레디믹스트 콘크리트 (25-24-120)	레디믹스트 콘크리트 (25-24-150)
ADP, antinomy-eq kg/m^3	2.039E+00	2.053E+00	1.656+00	2.075E+00
AP, SO_2-eq kg/m^3	4.094E+02	4.194E+02	4.143E+02	4.291E+02
EP, PO_4^{3-}-eq kg/m^3	4.653E-05	4.608E-05	2.344E-05	4.589E-05
GWP, CO_2-eq kg/m^3	6.819E-01	6.939E-01	6.785E-01	7.055E-01
ODP, CFC 11-eq kg/m^3	7.964E-02	8.076E-02	8.079E-02	8.198E-02
POCP, C_2H_4-eq kg/m^3	1.101E+00	1.128E+00	1.071E+00	1.155E+00

2) 산성화

US 보고서에 따르면 콘크리트 생산으로부터 배출되는 SO_2와 NO_x는 각각 0.0837 kg과 0.0143 kg이다. 국내의 경우 이에 대한 유용한 데이터는 아직 제시되지 않고 있다.

3) 수질 오염

콘크리트 제조 후 발생되는 회수수는 그림 3.1에 나타낸 것과 같이 크게 상징수와 슬러지수로 구분된다. 또한 KS F 4009(레디믹스트 콘크리트)의 부속서 2(레디믹스트 콘크리트의 혼합에 사용되는 물)에 규정되어 있는 회수수의 정의는 표 3.2에 나타내었다. 레디믹스트 콘크리트 제조에서 발생되는 세척배수는 이전에는 자연상태로 방류하거나 폐기하여 수질 및 토양오염을 유발하였으나, 최근 환경보존이 중시되면서 회

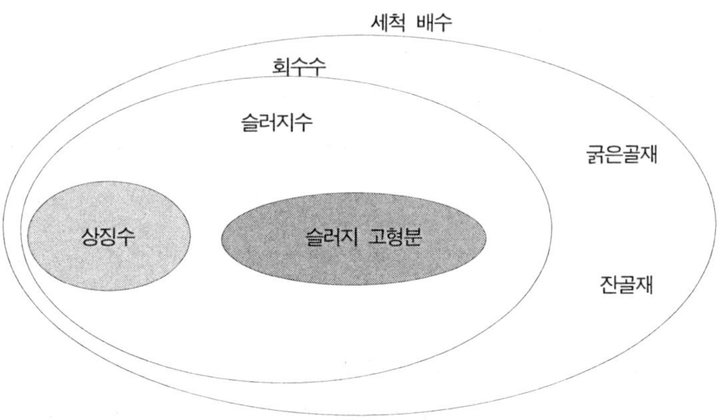

그림 3.1 **콘크리트의 회수수 관련 용어**

표 3.2 **회수수 관련용어**

회수수	레디믹스트 콘크리트 공정에서 세척에 의해 발생하는 물로서 운반차, 플랜트의 믹서, 호퍼 등에 부착된 콘크리트 및 흘러내린 콘크리트의 세척 배수(이하 콘크리트의 세척 배수라 한다)를 정화하여 얻어지는 슬러지수 및 상징수의 총칭
슬러지수	콘크리트의 세척 배수에서 굵은골재, 잔골재를 분리 회수하고 남은 현탁수
상징수	슬러지수에서 슬러지 고형분을 침강 또는 그 밖의 방법으로 제거한 물
슬러지	슬러지수가 농축되어 유동성을 잃어버린 상태의 것
슬러지 고형분	슬러지를 105 ℃~110 ℃에서 건조하여 얻어진 것
슬러지 고형분율	콘크리트의 배합에서 단위시멘트량에 대한 슬러지 고형분의 무게 비율을 백분율로 표시한 것

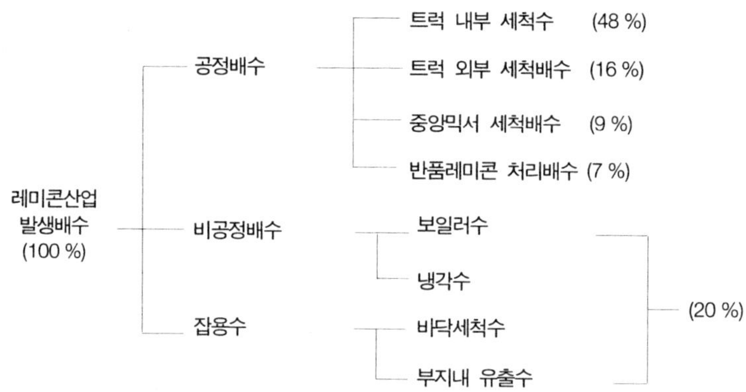

그림 3.2 **배수의 발생량 구성**

수수에 대한 처리가 중요한 과제로 대두되었다.

레디믹스트 콘크리트 공장에서 발생하는 배수는 크게 공정배수와 비공정배수로 나누어진다. 공정배수는 배처 플랜트(B/P) 세척수, 애지테이터 트럭 내부 세척수, 트럭 외부 세척수, 반품 레미콘 처리수 등의 콘크리트 제조공정 내에서 발생하는 배수를 말하고, 비공정배수는 보일러수 및 냉각수 등 제조공정의 시설에서 발생하는 배수를 의미한다. 기타 잡용수에 따른 배수로는 공장바닥 세척수 및 우기의 부지내 유출수 등으로 분류할 수 있다.

발생 배수의 구성 비율은 공장 규모, 운영 형태, 계절 등 다양한 조건에 따라 다르므로 일률적으로 언급하기는 곤란하지만 우리나라 레디믹스트 콘크리트의 설문조사를 토대로 발생되는 배수의 평균비율은 그림 3.2에 나타내었다. 또한 트럭내 세척배수의 구성 비율은 물이 대략 95%로 대부분을 차지하고, 잔골재가 4%, 굵은골재와 시멘트는 대략 1% 전후이다. Forintek의 보고서에 따르면 캐나다의 레디믹스트 콘크리트 공장에서 콘크리트 1 m^3의 생산을 위해 배출되는 회수수는 41.6~618.4 l이다. 일본 레디믹스트콘크리트 산업협회[3-7]에 따르면, 일본의 레디믹스트 콘크리트 공장에서 콘크리트 1 m^3 생산을 위해 배출되는 평균 회수수는 200 l이다.

4) 고형 폐기물

레디믹스트 콘크리트 공장에서 배출되는 고형 폐기물로는 반환된 콘크리트, 생산설비에 부착된 콘크리트, 반환된 콘크리트로부터 추출된 골재, 장비 세척수로부터 추출된 골재 및 슬러지수의 미수화물로부터 발생한 슬러지 등을 들 수 있다. 일본 레디믹스트콘크리트 산업협회에 따르면 일본에서 콘크리트 1 m^3 생산에 대해 반환된 콘크리트 양, 장비에 부착된 콘크리트 및 슬러지는 각각 9.82 l, 1.96 l, 5.88 kg으로 평가되었다. 반환된 콘크리트는 주로 현장에서 과대 평가된 콘크리트 타설 양 때문이다.

5) 소음과 먼지

레디믹스트 콘크리트 공장에서 골칫거리가 되는 소음은 주로 골재 수령 및 믹서로부터 레미콘 차량으로 콘크리트를 이동하는 과정에서 발생한다. 레디믹스트 콘크리트 공장에서 먼지는 주로 시멘트 사일로 및 건조상태에서 저장된 골재의 사일로에서 발생한다. 불연소 탄소와 먼지는 레미콘 트럭의 디젤엔진으로부터 배출된다.

3.1.2 BAT 시스템

콘크리트 생산 및 운송단계에서 환경영향을 감소시키기 위하여 다음에 나타낸 다양한 기술들이 개발되고 사용되고 있다.

1) 지구온난화와 산성화

CO_2, SO_2 및 NO_x의 배출 양을 저감시키기 위한 예방책은 레디믹스트 콘크리트 공장에서 콘크리트 탑재 및 현장에서 콘크리트 하역을 위해 대기하는 콘크리트 트럭의 수를 감소시키고, 대기하는 트럭의 공회전을 금지시키는 것이다.

2) 수질 오염

레디믹스트 콘크리트 회수수는 재활용 설비를 활용하여 귀중한 수자원으로 재활용할 수 있으며, 이를 위하여 회수수를 사용한 레디믹스트 콘크리트의 품질관리, 회수수를 재활용하는 설비관리 관련 연구가 활발히 진행되고 있다.

1975년 일본콘크리트공학협회의 회수수 연구위원회 보고서는 회수수 사용기준과 관련하여 표 3.3을 제시하였다. 우리나라의 KS F 4009(레디믹스트 콘크리트)의 부속서 2는 다음 표 3.4에 나타낸 바와 같이 회수수의 품질 및 슬러지 고형분율의 한도를 규정하고 있다.

표 3.3 **회수수 사용규준(일본콘크리트공학협회)**

(1) 상징수는 배합수로서 상수와 똑같이 사용해도 좋다.
(2) 슬러지수는 다음 4가지 항목을 만족할 경우 사용해도 좋다.
① 슬러지 고형분은 시멘트 중량의 3 % 이하로 한다.
② 물시멘트비와 컨시스턴시를 일정하게 하기 위하여 슬러지 고형분 1 %에 대해 단위수량, 단위시멘트량을 1~1.5 % 증감한다.
③ 잔골재율은 슬러지 고형분 1 %에 대하여 약 0.5 % 감한다.
④ AE제의 양은 고형분량에 따라 증가하고 AE감수제에 대해서도 필요에 따라 공기량 조절제를 증가한다.

표 3.4 **KS F 4009의 회수수 관련 규정**

(1) 품질
회수수의 품질은 KS규격의 시험 방법에 따라 시험하여 다음 표에 표시한 기준에 적합하여야 한다.

항 목	품 질
염소이온량	150 ppm
시멘트 응결시간 차	초결은 30분 이내, 종결은 60분 이내
모르타르의 압축강도비	재령 7일 및 28일에서 90 % 이상

(2) 슬러지 고형분율의 한도
슬러지수를 사용하였을 경우 슬러지 고형분율이 3 %를 초과하면 안 된다. 단, 레디믹스트 콘크리트를 배합할 때, 슬러지수 중에 함유된 슬러지 고형분은 물의 무게에는 포함되지 않는다.

우리나라의 거의 모든 레디믹스트 콘크리트 회사는 회수수 재활용 설비를 갖추고 있다. 이때 설비의 종류로는 기초 단계부터 세척 배수를 전면 회수할 수 있는 다양한 시스템이 가능한데, 그 종류는 다음과 같다.

- 침전조의 상징수를 미처리 배출하고, 침전조의 골재 및 슬러지는 폐기하는 방법

- 침전조의 상징수를 중화 배출하고, 침전조의 골재 및 슬러지는 폐기하는 방법
- 골재를 회수하고, 침전조의 상징수를 미처리 배출하며, 슬러지는 폐기하는 방법
- 골재를 회수하고, 침전조의 상징수를 중화 배출하며, 슬러지는 폐기하는 방법
- 침전조의 상징수를 세차에 순환 이용하고(일부 미처리 배출 또는 중화 배출), 골재 및 슬러지는 폐기하는 방법
- 골재를 회수하고, 침전조의 상징수를 순환 사용하며(일부 미처리 배출 또는 중화 배출), 슬러지는 폐기하는 방법
- 침전조의 상징수를 배합수로 재이용하고, 골재 및 슬러지는 폐기하는 방법
- 골재를 회수하고, 침전조의 상징수를 배합수로 재이용하고, 슬러지는 폐기하는 방법
- 골재를 회수하고, 상징수는 세차용에, 슬러지수는 배합수로 이용하는 방법(전량회수)
- 골재를 회수하고, 슬러지수는 배합수(세차는 상수 이용)로 이용하는 방법(전량회수)

우리나라 회수수 설비의 종류는 설명한 바와 같이 많은 방법이 있으며, 대부분 전량회수 방법이 주로 이용되고 있다. 전량회수 방법의 대략적인 흐름을 그림 3.3에 나타내었다. 이 설비는 골재를 회수한 후 슬러지수를 대형 조정탱크에 수용하고, 슬러지 농도를 측정한 후, 그 슬러지 농도에 따라 콘크리트 배합을 조정한 다음 슬러지수를 비빔용수로 사용한다. 이 설비는 간단한 구조로서 설비투자 및 보수의 비용이 적게 드는 장점이 있다. 그러나 조정탱크의 슬러지 농도를 빈번히 측정하여 이에 따라

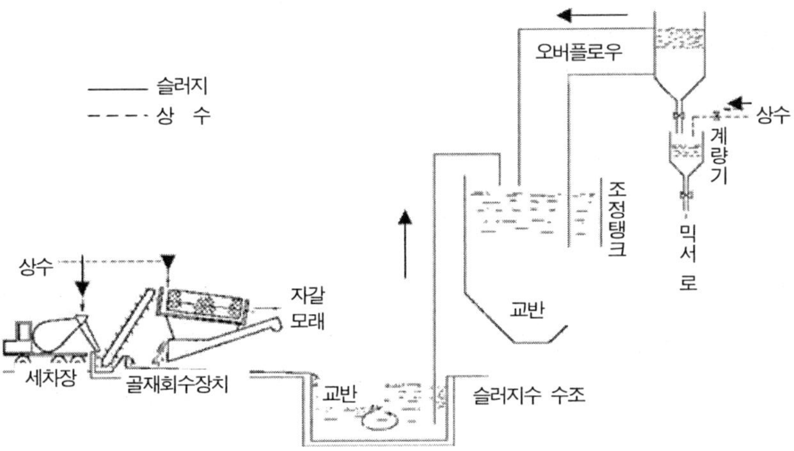

그림 3.3 **회수수 처리 설비**

배합을 조정해야만 하는 것은 번잡스러운 일이고, 또한 농도 관리도 어려운 실정이다. 따라서 세차를 할 때 발생하는 슬러지수의 전량을 일시에 수용할 수 있을 정도로 큰 조정탱크가 필요하게 된다. 그렇지만 조정탱크에 가득 담겨 있는 슬러지농도는 교반을 해준다고 해도 변화가 크게 발생하는 것을 피할 수는 없다.

회수수의 재활용 설비에 대한 효율적인 관리는 각 회사별 별도의 기술 및 특징에 따라서도 달라질 수 있다. 일반적인 의미의 회수수 설비관리에 있어 문제점으로는 다음과 같은 것을 생각할 수 있고, 이에 대하여 대책을 마련할 필요가 있다.

- 골재와 슬러지수의 분리 : 레디믹스트 콘크리트의 운반을 마치고 난 후 등 여러 경우에서 세척배수가 발생한다. 첫 번째 처리단계인 골재와 슬러지수의 분리에 대하여는 다음 사항에 유의한다.

① 세차 대수, 세차 빈도와 회수 설비 능력과의 균형

② 청정한 골재를 회수하기 위한 방법, 특히 슬러지 부착이 작은 잔골재의 회수방법

③ 설비의 마모, 드럼형 체의 눈막힘 등에 의한 분리 기능의 변화

④ 부착물, 고결물 등에 대응하는 청소, 보수의 대책

- 슬러지수 조정조 및 배관 : 드럼형 체로부터 잔골재와 굵은골재를 분해하고 난 후에 발생한 슬러지수는 슬러지수 수조에서 일정시간 체류한 다음 배관을 통해 조정조에 보내진다. 이때 슬러지수, 조정조 및 배관에는 다음과 같은 사항에 유의토록 한다.

① 설비 및 배관에 있어서 부착물에 의한 처치, 특히 교반장치, 펌프, 배관의 설계 및 관리에 세심한 주의가 필요

② 슬러지수 수조, 조정조 등의 교반 방법

③ 슬러지수의 농도 측정방법 및 농도 조정 방법

④ 설비의 마모, 부착물 등에 대한 청소 및 보수 대책

- 계량 및 배합 조정 : 슬러지수를 레디믹스트 콘크리트 배합에 재활용하기 위해서는 슬러지수의 계량이 필요하다. 또한 슬러지수 중의 슬러지 고형분율 농도에 따라 배합이 수정되어야 하는데, 이와 관련한 유의 사항은 다음과 같다.

① 슬러지수의 정확한 계량 방법

② 슬러지 농도 변화, 슬러지수와 상수의 사용비율 변화 등에 대응한 배합의 수정 방법

③ 설비의 청소 및 보수 대책

• 설비 운영 : 종합적으로 회수수 설비 관리와 연관한 설비 운영 상의 문제점은 다음과 같다.

① 회수된 세척 배수량과 사용 물량과의 균형 문제, 특히 레디믹스트 콘크리트 출하가 적어 회수수가 과잉 생산되었을 때의 처치

② 다량의 레미콘이 반품되어 왔을 때의 처리

③ 장마 중 우수의 처리

④ 운전을 며칠 혹은 장기간 멈추었을 때의 처치

⑤ 겨울철 각 설비의 방동 대책

또한, 골재를 회수하고, 회수수를 세차용으로 재활용하는 설비인 경우는 반복하여 회수수를 세차용에 사용하다보면 회수수의 농도가 짙어 밀도가 상승하므로 부력이 커짐에 따라 모래가 선별되지 못하고 회수수 탱크로 혼입됨에 따라 파이프 라인이 막히는 사고가 발생하기도 한다. 따라서 이 경우는 상수보급을 늘려 농도를 충분히 묽게 관리함으로써 잔골재를 양호하게 선별하고 파이프 라인의 막힘도 방지할 수 있다.

3) 고형 폐기물

반환 콘크리트 양을 줄이기 위해 콘크리트 생산자는 이전의 준비를 상세히 하고 사용자와 구매자의 긴밀한 관리체계가 필요하다. 레디믹스트 콘크리트 공장에서 발생하는 고형 폐기물의 재사용 용도를 그림 3.4에 나타내었다. 표 3.5에는 콘크리트 슬러지의 화학적 조성 예를 나타내었다.

반환 콘크리트 및 장비에 부착된 콘크리트는 콘크리트 생산, 응결처리 후 도로 하부기층용 재료에 재사용될 수 있다. 그리고 회수수에서 추출된 골재들은 도로 하부기층용 재료, 콘크리트용 골재로 재사용될 수 있다.

일본의 레디믹스트 콘크리트 공장에서 콘크리트 1 m^3로부터 재수집된 잔골재 평균 양은 7.08~10.3 kg이며, 굵은골재는 7.53~9.44 kg이다.

슬러지수에서 탈수된 슬러지 고형분은 응결처리 후 도로 하부기층용 재료, 시멘트 혼화재, 콘크리트 생산을 위한 재료로 재사용될 수 있다.

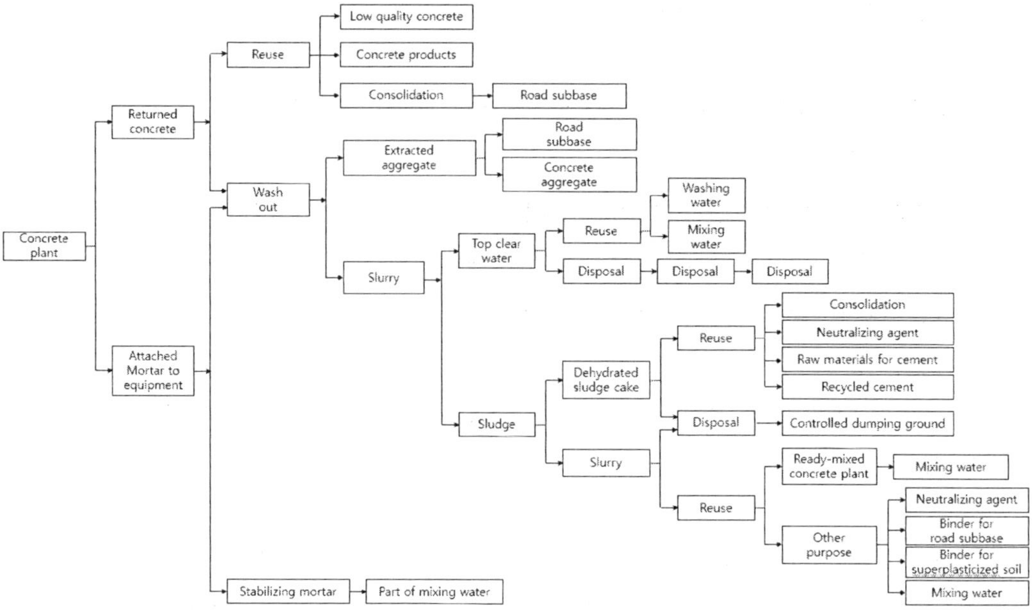

그림 3.4 **레디믹스트 콘크리트 공장에서 고형 폐기물의 재사용 및 재활용**

표 3.5 **레디믹스트 콘크리트 공장에서 배출되는 슬러지의 화학적 조성 예**

Plant	ig. loss	SiO_2	Al_2O_3	Fe_2O_3	CaO	MgO	SO_3	Na_2O	K_2O	Cl	Water content (%)
A	18.1	22.6	5.04	2.80	46.3	1.96	1.50	0.28	0.41	0.014	39.1
B	26.7	19.2	5.12	2.10	43.1	1.65	1.34	0.27	0.27	0.007	45.3
C	19.2	23.1	6.57	2.40	43.2	2.57	1.82	0.40	0.38	0.007	23.4

4) 소음 및 먼지

레미콘 공장에서는 공장주변 지역에 대한 소음방지, 진동억제 대책, 분진 대책, 폐기물 감소 등에 대한 종합 대책이 중요하다. 레디믹스트 콘크리트 공장에서 발생하는 소음을 줄이기 위해 소음으로 인한 문제가 덜 발생하는 시간에 골재 수령 및 레미콘 트럭의 호퍼 표면에 고무와 같은 완충재 설치 등의 다양한 기술들이 제시되고 있다. 교통소음은 저소음 레미콘 트럭을 사용하여 줄일 수 있다. 레디믹스트 콘크리트 공장의 시멘트와 골재 사일로로부터 배출되는 먼지는 사일로 밀봉을 통해 줄일 수 있다.

3.2 콘크리트 등가내구성 기반의 배합설계

3.2.1 콘크리트 등가내구성

유럽의 콘크리트 시방서는 유럽 표준으로 제정되어 있다. EN 206-1[3-8]은 C100/115 (표준 압축실린더 강도 100 MPa/150 mm 입방체 강도 115 MPa)까지 콘크리트의 시방, 성능, 생산 및 평가를 각각 다루고 있다. EN 206-1 5.2.5.3절은 콘크리트의 등가성능 (equivalent concrete performance) 개념을 제시하고 있다. 다음에 등가성능의 핵심 개념인 등가내구성 절차를 소개한다.

등가내구성 절차(equivalent durability procedure)는 플라이애시 등 시멘트 대체 결합재를 사용한 콘크리트의 최대 물-시멘트비, 최소 시멘트 함유량 등에 대한 한계값을 규정하고, 상세화하여 현장에서 사용되는 콘크리트가 EN 206-1에 부합하는 내구성능을 갖춘 콘크리트임을 보장하기 위해 제안된 개념이다. 즉 먼저 기준콘크리트에 대한 기준값을 정하고, 적절한 시험 및 평가를 통해 결합제를 사용한 후보콘크리트에서 기준콘크리트와 동등한 수준의 내구성능이 재현될 수 있도록 하는 것이다. 기준값은 해당 현장에 필요한 물성치를 완전하게 만족시킬 수 있는 콘크리트의 성능이다(해당 지역의 환경조건에서 만족할만한 수준의 사용수명을 보장하는 것을 포함한다). 일단, 기준값(기준성능)이 결정되면 기준성능을 결정하는 데 사용된 것과 동일한 시험방법으로 동일한 재령에서 후보콘크리트를 시험하여 기준성능 이상이 되는지를 확인하여야 한다. 이때 확인하는 기준성능은 동결융해, 탄산화, 염해에 대한 저항성능 등이다. 또한 콘크리트는 시간이 경과함에 따라 수화반응이 지속적으로 진행되어 그 물성이 변하게 된다(예를 들면, 콘크리트의 재령이 증가함에 따라 강도는 증진되고, 유해물질에 대한 침투 저항성은 향상된다). 따라서 후보콘크리트가 목표한 사용수명 동안 기준콘크리트와 동등한 수준의 내구성을 갖는지 판단하기 위해 해당 내구성능의 재령효과를 고려해야 한다.

등가내구성 절차를 통해 현장에 사용되는 콘크리트가 EN 206-1에 제시된 동일한 노출 등급에서 동일한 최소 피복두께로 기준 콘크리트와 동등한 성능을 갖도록 확인하여야 한다. 등가내구성 절차는 다음의 세 부분으로 구성된다.

- 기준값의 설정과 기준값을 만족하는 콘크리트의 시방 결정

- 제한값(해당 노출등급에 대해 콘크리트의 내구성을 보장할 수 있는 범위 내의 값) 설정을 위한 후보콘크리트의 초기 시험과 평가 방법
- 결정된 제한값에 대한 지속적인 생산관리 및 품질 평가

기준값 설정 및 콘크리트의 시방은 각각의 노출등급에 따라 결정한다. 후보콘크리트는 기준값 및 기준콘크리트와 동일한 재령에서 동일한 시험방법에 의해 비교 평가하여야 하며, 이때 측정 오차를 고려하여 후보콘크리트가 기준성능 이상이 될 때 등가성능을 갖는 것으로 간주한다.

후보콘크리트의 제한값 설정 시 초기 재령에서 콘크리트의 성능은 재령 효과로 인해 구조물의 전과정(life cycle) 동안 콘크리트의 성능을 대표하는 것으로 보기에는 무리가 있다. 즉 후보콘크리트에서 기준콘크리트와 유사한 시멘트 또는 결합재를 사용한 경우 전과정에 걸쳐 기준콘크리트와 유사한 거동을 하는 것으로 가정할 수 있지만 구성재료가 상이한 경우에는 추가 검증 작업이 필요하다.

마지막으로 결정된 제한값의 지속적인 생산관리 및 품질 평가는 콘크리트 생산자로부터 독립된 공인시험기관에서 초기 시험을 실시하여 평가한 후 주기적으로 갱신할 것을 권고하고 있다.

기준값은 현장의 시방규정을 만족시키며 지역특성을 대표할 수 있는 콘크리트의 성능 범위(동결융해, 탄산화, 염해에 대한 저항성능의 범위)를 결정한 후 하나 이상의 대표값을 먼저 선정한다. 대표값 선정에 따라 시멘트 또는 시멘트와 혼화재의 비를 결정한다. 콘크리트 구성재료는 EN 206-1 등 관련 규정에 부합되는 것을 사용한다. 이와 같이 설계된 콘크리트를 기준콘크리트로 정의하고 시험을 통해 기준값을 결정한다. 이후에 동일한 재령에서 동일한 시험방법으로 후보콘크리트의 성능을 평가한다. 측정 오차를 고려하여 후보콘크리트는 기본적으로 기준콘크리트 이상의 성능을 갖도록 하며, 후보콘크리트의 최소 시험체 수를 명시하여 불확실성을 감소시킬 수 있도록 한다.

기준값을 결정할 경우에는 해당 노출등급, 기준 성능의 한계값, 결합재 종류(시멘트 및 혼화재) 및 비율, 시험방법, 후보콘크리트의 시험 재령, 한계값의 측정 오차에 대한 허용 범위를 명시하여야 한다.

기준콘크리트는 해당 노출등급에 대해 공사시방서와 EN 206-1을 준수하는 것이어야

하며, 그 구성재료 또한 공사시방서와 EN 206-1에서 정의된 요구 사양을 충족하는 것이어야 한다. 또한 해당 노출등급에 대해 충분한 내구성능을 발휘하는 것으로 대표할 수 있는 콘크리트이어야 한다. 유럽에서 등가내구성 시험방법은 표 3.6에 나타낸 것과 같다.

표 3.6 **유럽의 내구성 평가 방법**

CEN/TS 12390-9	경화된 콘크리트 시험 - Part 9 : 동결융해 저항성 - 표면 박리
CEN/TS 12390-10	경화된 콘크리트 시험 - Part 10 : 콘크리트의 상대 탄산화 저항성 결정 방법
CEN/TS 12390-11	경화된 콘크리트 시험 - Part 11 : 단방향 확산에 대한 콘크리트 염해 저항성 결정 방법
CEN/TR 15177	콘크리트의 동결융해 시험 방법 - 내부 조직 손상

일관된 품질의 콘크리트가 생산되도록 하기 위해 콘크리트의 구성재료는 EN 206-1에 제시된 다음과 같은 요구 사양에 대한 규정을 충족해야 한다.

- 시멘트/혼화재의 종류, 공급원, 사용량
- 시멘트 강도 등급
- 골재의 종류, 공급원
- 골재의 등급, 형상, 사용량
- 혼화제의 종류, 공급원, 사용량

마지막으로 등가성능이 확정된 후보콘크리트의 최소 단위시멘트량, 최소 혼화재 사용량, 시멘트/혼화재비, 최대 물=결합재비, 구성재료의 기준 강도가 제시됨으로써 현장에 사용될 콘크리트가 생산될 수 있도록 한다. 콘크리트 생산자는 시공자에게 사용 현장에 유효한 기준을 충족하도록 정의한 등가내구성을 이용하여 해당 노출등급에 적합한 콘크리트임을 명시한다. 그 후 시공자는 발주자와 확인하여 등가내구성에 의해 충족된 내구성 요구사항을 승인한다. 시공자는 발주자와 함께 다음의 사항을 확인하여야 한다.

- 기준값 또는 기준콘크리트

- 후보콘크리트에 사용되는 재료에 대한 종류와 공급원 제한
- 기준강도
- 기준콘크리트와 재령효과가 다른 후보콘크리트의 내구성 거동 평가에 대한 가정
- 등가성능 평가에 사용된 계산방법 또는 허용범위
- 갱신의 주기 및 빈도

3.2.2 k-value(k값)

k값 개념은 플라이애시, 고로슬래그 미분말, 실리카 퓸 등 시멘트 대체재료(혼화재)를 사용한 콘크리트(이하 후보콘크리트)와 혼화재를 사용하지 않은 콘크리트(이하 기준콘크리트)의 내구성능 또는 강도를 비교하기 위한 규범적인 개념이다. 시멘트의 일부가 1종류 이상의 혼화재로 치환된 후보콘크리트에 대해 물-시멘트비와 혼화재 사용량을 함수로 하여 시멘트로만 제작된 기준콘크리트와의 내구성능(적절한 내구성에 대한 대리지표로 강도)을 비교하는 것에 기반을 두고 있다. 즉 후보콘크리트의 혼화재 사용량에 k값을 적용하여 기준콘크리트의 물-시멘트비와 동등한 성능을 가지는 물-결합재비로 환산하기 위한 체계 방법을 제시한 것이며, CEN/TR 16639[3-9]에 자세히 소개되어 있다.

CEN/TR 16639는 EN 206-1의 제2유형 혼화재(포졸란 또는 잠재수경성 혼화재) 사용에 관련하여 플라이애시와 실리카 퓸에 대해 k값을 활용하는 방법을 제시하고 있다. 콘크리트 배합설계 시 규정된 k값은 안전측에 있도록 하며, 검증된 시멘트의 치환율을 사용하도록 하고 있다. 플라이애시와 실리카퓸에 대해 규정된 k값이 제시된 반면 고로슬래그에 대해서는 축적 데이터 및 경험의 부족으로 k값이 권고되고 있다. 이러한 k값을 유럽 표준의 요구사항을 충족시키는 시멘트의 종류에 대해 규정된 범위 내에서 혼화재 치환을 추가적인 검증절차 없이 사용할 수 있도록 허용하고 있는 것이다. 다만, 국가 규정에서는 적합성이 검증된 경우에 k값, 혼화재의 치환율, 기타 혼화재의 사용, 혼화재의 조합에 대해 수정할 수 있도록 허용하고 있다.

k값의 개념은 불과 얼마 전부터 유럽의 몇몇 국가에서 개념이 정립되기 시작했다. 1996년 CEN/TC 104 보고서에서 플라이애시 콘크리트에 k값 개념을 적용한 배경이 처음 소개되었다. 이후 이 개념은 실리카퓸을 사용한 콘크리트에도 적용되었고, 일부

유럽 회원국에서는 고로슬래그를 사용한 콘크리트에도 적용하고 있다.

k값 개념에서는 제2유형 혼화재에 대해 물-시멘트비의 항목을 물/(시멘트+k×혼화재)비로 교체하고, (시멘트+k×혼화재)의 양은 해당 노출등급에서 요구하는 최소 단위시멘트량 이상이 되도록 하고 있다. k값의 적용 법칙은 EN 450에 부합되는 플라이애시, EN 13263에 부합되는 실리카퓸, EN 15167에 부합되는 고로슬래그, EN 197-1에 부합되는 CEM I과 CEM II/A 시멘트에 대해 주어져 있으며, 이러한 구성재료의 적합성이 인정된 경우에 한하여 k값, 혼화재 사용량 비율, 기타 혼화재 사용, 기타 조합이 가능하도록 하고 있다.

1) k-값 개념의 원리

혼화재는 다양한 메커니즘에 의해 콘크리트의 물성에 영향을 미친다. 개별 재료의 특성, 콘크리트의 재령, 온도, 습도 및 기타 다양한 인자에 따라 콘크리트의 특성이 변하게 된다. 콘크리트 배합설계 시 이러한 영향을 고려하기 위해 k값을 결정하는 방법은 콘크리트의 물-시멘트비와 압축강도 간의 관계를 이용한다. 이 개념은 1967년에 Smith가 수행한 플라이애시를 25%까지 치환한 콘크리트에 대한 연구에서 처음 소개되었고 이후 관련 연구가 계속되었다.

EN 206-1과 관련된 유럽기준에서 정립된 개념에 기초하여 콘크리트 배합설계는 콘크리트의 28일 압축강도를 기준으로 하고 있다. 결과적으로 콘크리트 혼화재에 대해 표준화되어 규정된 k값 역시 28일의 재령과 관련이 있다. 또한 k값이 정의될 때 관련 노출등급에 대해 콘크리트의 내구성을 고려하여야 한다. 혼화재를 함유한 콘크리트에서 물/시멘트비는 물/(시멘트+k×혼화재)비로 바뀐다. 이때 상수 k는 혼화재가 사용되지 않은 기준콘크리트와 같은 강도를 갖는 콘크리트에서의 혼화재 기여도를 나타낸다. 동일한 강도 조건이 가정되었을 때 다음의 특정 k값에 대해 만족된다.

$$\omega_o = w_a/(c_a + k \cdot a) \tag{3.1}$$

위 식을 k에 대해 정리하면 다음 식과 같다.

$$k = (w_a/\omega_o - c_a)/a \tag{3.2}$$

다시 정리하면 다음과 같다.

$$k = (\omega_a/\omega_o - 1)/(a/c_a) \tag{3.3}$$

여기서, ω_o는 혼화재가 사용되지 않은 기준 콘크리트의 물/시멘트비

w_a는 혼화재가 사용된 콘크리트의 단위수량

c_a는 혼화재가 사용된 콘크리트의 단위시멘트량

a는 혼화재 사용량

ω_a는 혼화재가 사용된 콘크리트의 물/시멘트비

k값 개념이 사용된 콘크리트 배합설계에서 상수 k는 물-(시멘트+$k\times$혼화재)비가 해당 노출 등급에서 정의된 최대 물/시멘트비를 초과되지 않음을 검증하기 위해 사용될 수 있는 최대값을 의미한다. 다양한 콘크리트 시험의 결과가 평가될 때 콘크리트 혼화재의 효율성은 다양한 인자(혼화재의 품질과 물성, 혼화재의 사용량, 시멘트의 종류와 성질, 물-시멘트비, 재령, 온도 등)에 의존하기 때문에 다양한 k값이 결정될 수 있다. 콘크리트 혼화재의 효율을 나타내는 k값은 혼화재를 사용하지 않은 기준콘크리트와 혼화재를 사용한 후보콘크리트에 대한 물/시멘트비와 압축강도의 비교에 의해 계산된다. 혼화재의 효과를 결정하기 위해 k값을 계산하는데 활용되는 모든 콘크리트 시험값은 동일한 시멘트로 제작된 것이어야 한다.

k값 적용에 대한 추가 권고사항은 다음과 같다.

- k값은 조사된 범위 내에서의 물-시멘트비에 대해서만 계산되어야 한다.
- 시멘트와 혼화재뿐만 아니라 모든 콘크리트 구성재료는 콘크리트의 강도에 영향을 미치므로 구성재료를 일정하게 유지해야 한다.
- 만약 일정한 워커빌리티가 필요하다면 과도한 공기가 연행되지 않는 것을 확인하여 감수제를 사용한다.
- k값 계산에서 산란은 증가하기 때문에 압축강도의 결정에 있어서 변동성은 가능한 낮게 한다.

2) k값의 계산 및 활용 방법

EN 206-1에 부합하는 제2유형 혼화재에 적용 가능한 k값의 계산 방법은 다음과 같다. 앞서 언급한 것과 같이 혼화재는 사용하지 않고 시멘트만 사용한 기준콘크리트의

성능과 시멘트의 일부를 혼화재료로 치환한 후보콘크리트의 성능을 물-시멘트비와 혼화재 함유량의 함수로 비교하여 계산이 가능하다.

k값 계산은 콘크리트의 물-시멘트비와 강도 관계로부터 시작된다. 결과는 콘크리트 배합의 단일 값이 아니라 다수의 값으로 나올 수 있다. 또한 물-시멘트비와 강도의 관계에 있어 다양한 관계식들이 사용될 수 있다. 예를 들면 Abrams의 법칙에 의하면 물-시멘트와 강도의 관계는 비선형이지만 k값을 적용하는 방법은 동일하다. 또한 비교하는 방법에 따라 결과값이 미세하게 상이할 수는 있으나, 거의 유사한 범위 내에 있다. 여기에서는 쉽게 이해하기 위해 그림 3.5와 같이 선형인 물-시멘트비와 강도 관계를 이용하였다.

$$\text{압축강도} = a - b \times (\text{물-시멘트 비}) \tag{3.4}$$

기준콘크리트(그림 3.5의 선2)의 강도와 물/시멘트비의 관계는 다음과 같이 나타낼 수 있다.

$$f_o = A_o - B_o\omega_o \tag{3.5}$$

후보콘크리트(그림 3.5의 선1)의 결정된 c_a/a비에 대해 다음 가정이 가능하다.

$$f_a = A_a - B_a(w/(c_a + a)) \tag{3.6}$$

시험 결과에 기초한 물/시멘트비와 압축강도의 관계에 의해 기준콘크리트와 후보콘크리트를 비교하여 아래 식을 풀 수 있다.

$$f_{o(reference)} = f_{a(addition)} \tag{3.7}$$

위의 관계로부터 다음과 같이 정리가 가능하다.

$$A_o - B_o\omega_o = A_a - B_a w_a/(c_a + a) \tag{3.8.a}$$

$$\omega_o = w_a/(c_a + ka) \Rightarrow w_a = \omega_o(c_a + ka) \tag{3.8.b}$$

$$A_o - B_o\omega_o = A_a - B_a\omega_0(c_a + ka)/(c_a + a) \tag{3.8.c}$$

$$\text{또는 } A_o - B_o\omega_o = A_a - B_a\omega_0(1 + ka/c_a)/(1 + a/c_a) \tag{3.8.d}$$

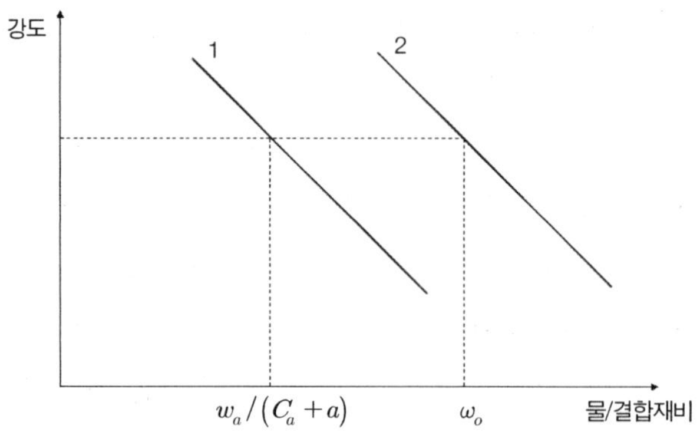

그림 3.5 **k값의 결정 원리**

따라서 k값은 다음과 같이 나타낼 수 있다.

$$k = \frac{(A_a - A_o)(1 + a/c_a)}{B_a a/c_a} \frac{1}{\omega_o} + \left[\frac{B_o(1 + a/c_a)}{B_a} - 1 \right] \frac{1}{a/c_a} \tag{3.9}$$

3) 수정 k값 산정 모델

k값은 OPC 100 %인 일반 콘크리트의 압축강도와 동등한 수준의 압축강도발현을 위한 혼화재 치환 콘크리트의 물-결합재비 결정을 위한 상수이다. 그러나 CEN/TR 16639는 플라이애시 및 실리카퓸의 다양한 치환율에 대한 k값 제시가 부족하며, 고로슬래그에 대한 k값의 활용 방법은 축적 데이터의 부족 등으로 명확히 제시되지 않고 있다. CEN/TR 16639에서 제시하는 k값 산정 과정에서는 콘크리트의 물-결합재비와 압축강도의 관계를 직선비례로 가정하고 있기 때문에 혼화재를 다량 사용하는 콘크리트의 경우 물-결합재비 증가에 따른 압축강도 변화는 음(−)의 영역으로 확대 될 수 있다. 따라서, 혼화재 치환 콘크리트의 압축강도에 대한 합리적인 k-값 산정을 위해서는 각 혼화재의 치환율과 물/결합재비 증가에 따른 콘크리트 강도 변화 기울기가 적절히 평가되어야 한다.

CEN/TR 16639에 제시된 k값 산정 모델을 수정하여 다양한 물-결합재비에 대한 플라이애시 및 고로슬래그 치환율에 따른 k값의 계산이 가능하다. 콘크리트 배합할 때 시멘트의 일정량을 플라이애시 및 고로슬래그 등의 혼화재로 치환하는 경우 혼화재 사용량을 변수로 하여 k값 산정 모델을 적용하고, 이를 통해 시멘트 100 %인 일반 콘크리트와 동등한 압축강도 확보가 가능한 물-결합재비를 환산하는 방법이 제시될 수 있다. 또한 결정된 k값들은 플라이애시 또는 고로슬래그의 치환율과 물-결합재비의 함수로서 일반화될 수 있다.

4) 콘크리트 압축강도와 물–결합재비의 비선형 관계에서 k–값

일반적으로 콘크리트의 압축강도는 물-결합재비의 증가와 함께 감소하며, 그 감소 기울기는 선형보다는 지수함수형식의 비선형에 가깝다. 이를 고려하면 콘크리트의 압축강도와 물/결합재비의 관계는 다음과 같이 나타낼 수 있다.

$$f_o = A_o \exp(B_o \omega_o) \tag{3.10}$$

$$f_a = A_a \exp(B_a \frac{w_a}{c_a + ka}) \tag{3.11}$$

여기서, A_o, B_o, A_a 및 B_a는 압축강도와 물-결합재비 관계식의 기울기를 나타내는 실험상수이다.

위 식은 각각 시멘트 100 %인 일반 콘크리트와 혼화재 치환 콘크리트에서 물/결합재비와 압축강도의 관계를 나타낸다. 혼화재 치환에 관계없이 f_o, f_a는 동등해야 하므로 이에 대한 경계조건에 대해 정리하면 k값은 다음과 같이 나타낼 수 있다.

$$k = \frac{(c_a + a)(lnA_o - lnA_a + B_o \omega_o)}{aB_a \omega_o} - \frac{c_a}{a} \tag{3.12}$$

5) k값 산정을 위한 실험상수의 결정

산정한 k값을 이용하면 일반 콘크리트와 동등한 소요 압축강도 확보가 가능한 혼화재 치환 콘크리트의 물/결합재비를 결정할 수 있다. 그러나 위 식에서 k값 결정을 위해서는 실험상수(A_o, B_o, A_a 및 B_a)의 결정이 필요하다. 이들 실험상수들은 혼화재 치환율과 물/결합재비에 의해 영향을 받으므로 다양한 실험결과를 바탕으로 전형적인 값을 결정할 필요가 있다.

OPC 100 %인 일반 콘크리트에서 실험상수를 결정하기 위한 물-시멘트비(ω_o)와 압축강도($f_{ck(o)}$)의 관계를 그림 3.6에 나타내었다. 그림 3.6에 나타낸 분석결과는 비교적 높지 않은 상관계수를 보였는데, 이는 콘크리트 배합 자료들의 제공처(source) 차이로 인해 사용골재들의 함수율, 강도 및 입도분포와 양생조건(온도와 습도) 등이 각

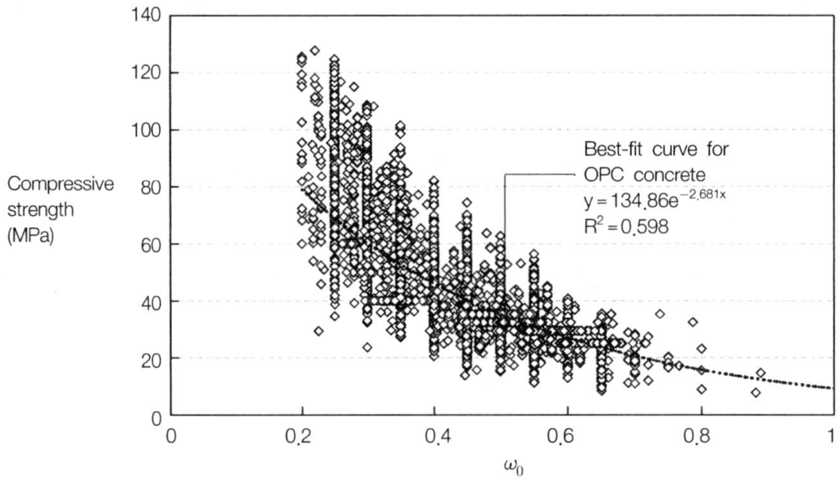

그림 3.6 **일반 콘크리트에서 압축강도와 물/시멘트비 관계**

배합에 따라 상이하며, 압축강도 측정에서도 가력속도 등도 차이가 있기 때문이다. 그림 3.6에 나타낸 실험결과들의 회귀분석에 의해 식 (3.10)의 실험상수인 A_o 및 B_o는 각각 134.9와 −2.68로 결정될 수 있다. 결과적으로 일반 콘크리트의 압축강도($f_{ck(o)}$)와 물/시멘트비(ω_o)의 관계는 다음과 같이 나타낼 수 있다.

$$f_{ck(o)} = 134.9\exp(-2.68 \cdot \omega_o) \qquad (3.13)$$

플라이애시 및 고로슬래그를 치환한 콘크리트에서 실험 상수를 결정하기 위한 물/결합재비와 압축강도의 관계는 다음 그림 3.7 및 3.8과 같다.

고로슬래그 치환율은 실험결과들의 분포와 신뢰성을 고려하여 20~50%로 제한된다. 위 실험결과의 회귀분석으로부터 실험상수인 A_a 및 B_a의 산정결과는 다음 표 3.7 및 표 3.8과 같다.

플라이애시 치환 콘크리트는 치환율이 20%에서 50%로 증가할 때 A_a 값은 136에서 142로 증가하며, B_a 값은 −3.2에서 −3.8로 감소한다. 고로슬래그 치환 콘크리트의 경우 치환율이 20%에서 50% 증가할 때 A_a값은 136에서 142로 증가하고, B_a 값은 −3.1에서 −3.7로 감소하여 플라이애시 치환 콘크리트와 비슷한 경향을 나타낸다. 즉, 플라이애시 및 고로슬래그의 치환율이 증가할수록 A_a값은 증가하는 반면, B_a값은 감소하는 경향을 보인다.

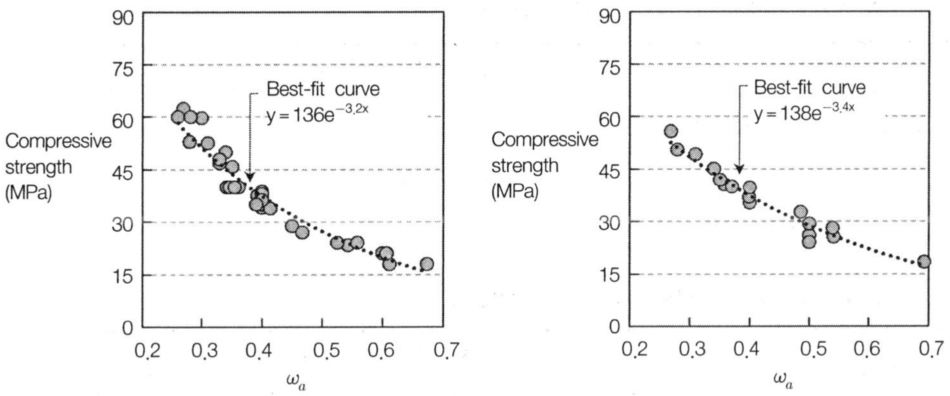

(a) $R_F = 20$ %   (b) $R_F = 30$ %

그림 3.7 **플라이애시 치환 콘크리트에서 압축강도와 물-결합재 비의 관계**

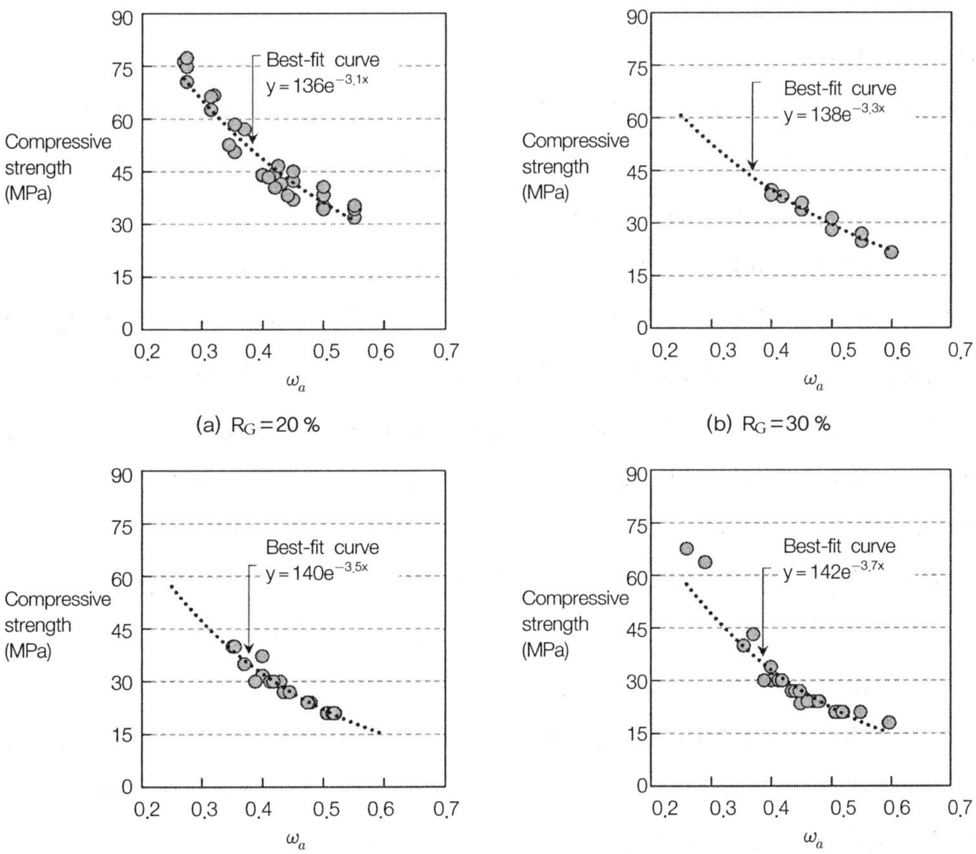

(a) $R_G = 20$ %   (b) $R_G = 30$ %

(c) RG = 40 %   (d) RG = 50 %

그림 3.8 **고로슬래그 치환 콘크리트에서 압축강도와 물-결합재 비의 관계**

표 3.7 **플라이애시 치환 콘크리트의 실험상수 산정결과**

실험상수	플라이애시 치환 범위 (%)	
	20	30
A_a	136	138
B_a	−3.2	−3.4

표 3.8 **고로슬래그 치환 콘크리트의 실험상수 산정결과**

실험상수	고로슬래그 치환 범위 (%)			
	20	30	40	50
A_a	136	138	140	142
B_a	−3.1	−3.3	−3.5	−3.7

6) k값 산정

윤현섭과 양근혁은 7,076 배합을 포함하는 데이터베이스를 이용하여 다양한 물/결합재비 조건에서 플라이애시 및 고로슬래그 미분말의 치환율에 따른 k-값을 결정하고, 각 혼화재 치환율과 물-결합재비의 함수로 k-값을 모델링하였다. 시멘트 100% 콘크리트 및 혼화재 치환 콘크리트의 압축강도와 물-결합재비 관계에서 결정된 실험상수들을 이용하여 결정된 k-값을 표 3.9(플라이애시 치환 콘크리트)과 표 3.10(고로슬래그 미분말 치환 콘크리트)에 나타내었다. 플라이애시 치환율(R_F)이 20%에서 30%로 증가하면 k-값의 변화는 물-시멘트비가 0.2일 때 0.295에서 0.433으로 증가하고, 물-시멘트비가 0.6일 때에는 0.218에서 0.337로 증가하였다. 즉 플라이애시 치환 콘크리트에서 k-값은 플라이애시 치환율 증가와 함께 증가하는데, 그 증가기울기에 대한 물-시멘트비의 영향은 미미하였다. 이는 플라이애시 치환율이 증가할수록 강도가 감소하므로 시멘트 100% 콘크리트와 동등 수준의 압축강도를 얻기 위해서는 더 낮은 물-결합재비가 필요함을 의미한다. 이와 같은 분석으로부터 플라이애시 치환 콘크리트에서 k-값은 플라이애시 치환율과 시멘트 100% 콘크리트에서의 물-시멘트비(ω_0)의 함수로 나타낼 수 있다. k-값에 대한 이들 영향변수를 고려하여 회귀분석을 한 결과 플라이애시 콘크리트에서 k-값은 다음과 같이 나타낼 수 있다(그림 3.9).

$$k = 0.09 \cdot ln(\omega_o^{-0.8} \cdot R_F^3) + 0.6 \quad \text{For fly-ash concrete} \tag{3.14}$$

표 3.9 **플라이애시 치환율(R_F)에 따른 k-값**

ω_o	k-value	
	R_F=20 %	R_F=30 %
0.2	0.295	0.433
0.25	0.272	0.405
0.3	0.257	0.385
0.35	0.246	0.372
0.4	0.238	0.361
0.45	0.231	0.353
0.5	0.226	0.347
0.55	0.222	0.342
0.6	0.218	0.337

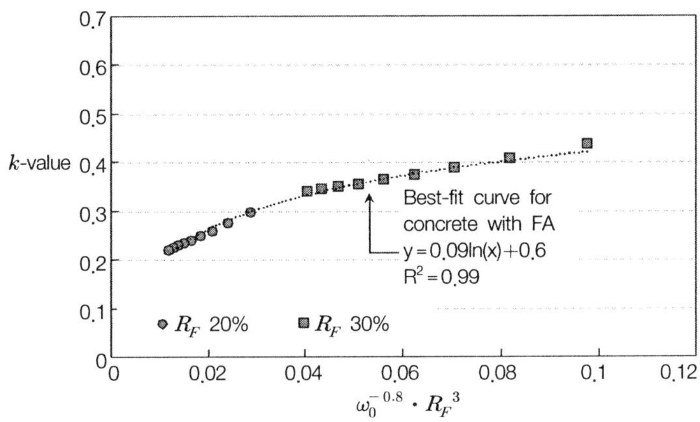

그림 3.9 **플라이애시 치환 콘크리트의 k-값 모델링**

고로슬래그 미분말 치환 콘크리트에서 고로슬래그 미분말 치환율(R_G)이 20 %에서 50 %로 증가하면 k-값의 변화는 물-결합재비가 0.2일 때 0.434에서 0.560으로 증가하고, 물-결합재비가 0.7일 때에는 0.349에서 0.491로 증가하였다. 고로슬래그 미분말 치환 콘크리트에서 k-값은 고로슬래그 미분말 치환율 증가와 함께 증가하는데, 그 값은 플라이애시 치환 콘크리트에 비해 높았다. 즉 동일 물-결합재비에서 고로슬래그 미분말 치환 콘크리트의 k-값은 플라이애시 치환 콘크리트의 k-값에 비해 높았다. 이는 고로슬래그 미분말 치환율 증가에 따른 콘크리트 강도 감소는 플라이애시 치환 콘크리리트에 비하여 더 적게 있음을 의미한다. 따라서 고로슬래그 미분말 치환 콘크리트는 시멘트 100% 콘크리트와 동등 수준의 압축강도를 얻기 위한 물-결합재비 감소율이 플라이애시 치환콘크리트에 비하여 낮게 있을 수 있다. 반면, 고로슬래그 미분말 치환 콘크리트의 k-값은 플라이애시 치환 콘크리트와 마찬가지로 물-시멘트비 증가와 함께 감소하였다. 고로슬래그 미분말 콘크리트에서 k-값을 모델링하면 다음과 같이 나타낼 수 있다(그림 3.10).

$$k = 0.09 \cdot \ln(\omega_o^{-1.0} \cdot R_G^{1.8}) + 0.5 \quad \text{For 고로슬래그시멘트 2종 concrete} \tag{3.15}$$

표 3.10 **고로슬래그 치환율(R_G)에 따른 k값**

ω_o	k-value			
	R_G=20 %	R_G=30 %	R_G=40 %	R_G=50 %
0.2	0.434	0.517	0.567	0.603
0.25	0.410	0.488	0.536	0.571
0.3	0.394	0.468	0.515	0.550
0.35	0.383	0.454	0.500	0.536
0.4	0.374	0.443	0.489	0.524
0.45	0.368	0.435	0.480	0.516
0.5	0.362	0.428	0.473	0.509
0.55	0.358	0.423	0.468	0.503
0.6	0.354	0.418	0.463	0.498

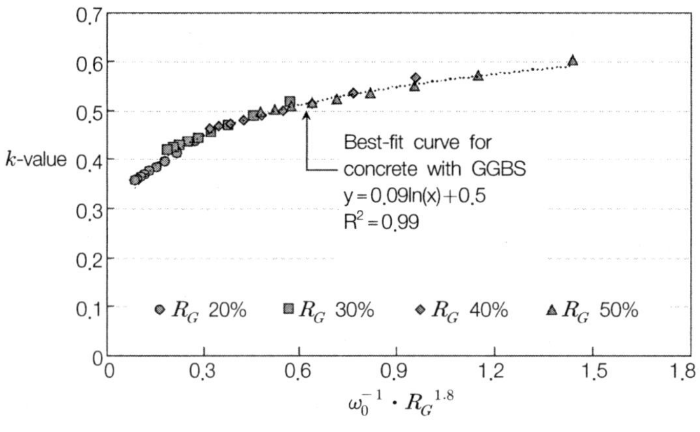

그림 3.10 **고로슬래그 치환 콘크리트의 k값 모델링**

7) k값 활용의 예제

물/시멘트비가 0.5이고, 압축강도는 35 MPa인 시멘트 100 %인 일반 콘크리트가 있다. 플라이애시가 20 % 치환된 콘크리트에서 일반 콘크리트와 동일 압축강도 확보를 위한 물/결합재비 결정을 위한 절차는 다음과 같다.

a) 일반 콘크리트 배합 회귀 분석을 통한 실험상수 A_0 및 B_0의 결정

- 실험상수 A_0 : 134.86
- 실험상수 B_0 : −2.681

b) 플라이애시 20 % 치환 콘크리트 배합 회귀 분석을 통한 실험상수 A_a 및 B_a의 결정 : 그림 3.6 참고

- 실험상수 A_a : 136
- 실험상수 B_a : −3.15

c) k값 산정

$$k = 5\frac{(ln134.86 - ln136 - 2.681\omega_0)}{-3.15\omega_0} - 4 = 0.293$$

$$35 = 136\exp\left(-3.15 \times \frac{w_a}{80 + 0.293 \cdot 20}\right)$$

$$w_a = 36.99$$

따라서 필요한 물/결합재비(ω_a)는

$\omega_a = \dfrac{36.99}{80+20} = 0.37$ %로 결정될 수 있다.

3.2.3 등가성능 기반의 배합설계 BAT

이 글에서는 유럽 EN 206에서 제시된 시멘트에 대한 혼화재의 28일 강도발현에 대한 기여도를 나타내는 k값과 시멘트 일부를 혼화재로 치환한 콘크리트에 대하여 콘크리트의 내구성능을 위해 규정하는 최소 시멘트량과 최대 물-결합재비를 수정할 수

있는 등가성능 개념을 소개하였다. 유럽에서는 다량의 혼화재료를 사용한 콘크리트 배합에 있어서 강도와 내구성 측면에서 모두 적절한 품질을 확보하고자 체계적인 노력을 기울이고 있는 반면 우리나라는 혼화재 치환 콘크리트의 강도발현 측면만 고려하면서 등가내구성능 기반의 배합설계 방법에 대해서는 그 개념조차 아직 낯선 상황이다. 시멘트 콘크리트 산업에서 환경부하를 최소화하기 위하여 고로슬래그 및 플라이애시와 같은 산업부산물의 혼화재 치환이 증가하고 있음을 고려할 때 콘크리트의 품질 확보를 담보할 수 있는 k값과 등가성능 기반의 배합설계 절차에 대한 시방 가이드라인 또는 설계 매뉴얼 등의 마련이 요구된다. 특히 EN 206의 등가성능 제안절차도 플라이애시 최대 치환율인 33%가 다양한 실험결과를 바탕으로 확대되어야 할 필요가 있으며, 우리나라에서 많이 사용하고 있는 고로슬래그 미분말 치환 콘크리트의 등가성능에 대한 합리적인 절차 마련도 시급하다.

3.3 온실가스 저감 콘크리트 배합설계 BAT

3.3.1 CO_2 평가를 위한 시스템 경계

KS F ISO 13315-2(안)은 콘크리트 및 콘크리트 구조물의 CO_2 평가를 위한 시스템 경계에서 '요람에서 출구(cradle-to-gate)까지' 또는 '요람에서 무덤(cradle-to-grave)까지'를 기반으로 다음의 활동들을 포함할 것을 추천하고 있다(그림 3.3.1). 콘크리트 구성재료(시멘트, 물, 골재, 혼화재 및 혼화제)들의 생산, 철근의 생산, 콘크리트의 생산, 콘크리트 구조물의 시공, 콘크리트 구조물의 사용, 콘크리트 구조물의 해체, 콘크리트 부재의 재사용, 폐콘크리트의 재활용 및 폐기 등 각 공정단계에서 신뢰할 수 있는 전과정 목록이 부족할 경우 콘크리트 구조물의 시공, 사용, 해체 및 폐콘크리트의 재활용 등을 위한 장비 및 기계의 생산과 관련된 시스템 경계는 반드시 요구하지는 않고 있다. 따라서 콘크리트 배합단계에서 CO_2 평가를 위해 고려해야 하는 시스템 경계는 콘크리트 구성재료들의 생산과 운반, 그리고 콘크리트 생산공정을 기본적으로 포함해야 한다.

콘크리트는 일반적으로 1 m^3 단위로 주문과 생산이 이루어진다. 따라서 콘크리트

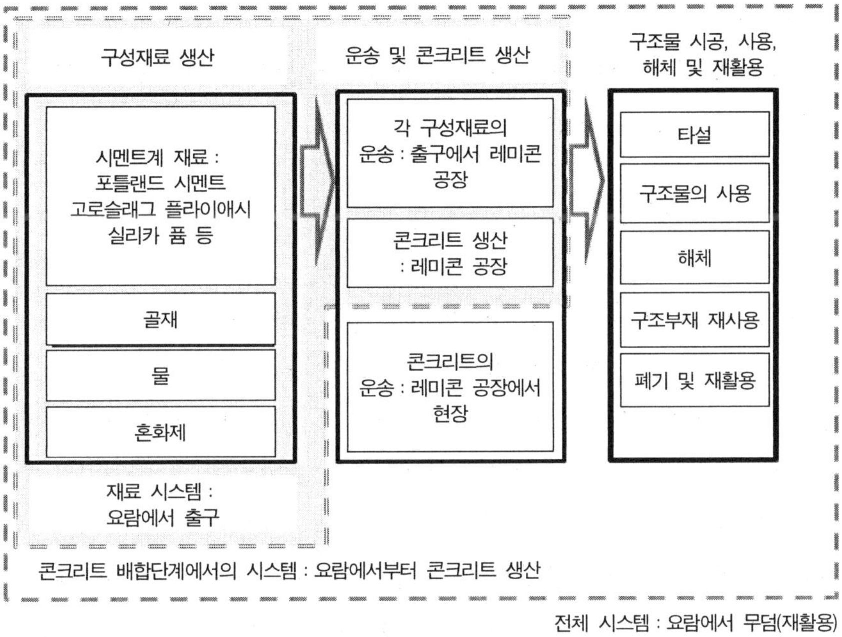

그림 3.11 **콘크리트 배합단계에서 CO_2 평가를 위한 시스템 경계**

배합단계에서 CO_2 평가에 대한 기능단위는 1 m^3이다. 콘크리트의 기능단위에 대한 각 재료의 생산부터 콘크리트 생산 단계(그림 3.11)까지 시스템에서 배출된 CO_2 양(C_d)은 다음 식 (3.16)에 의해 산정될 수 있다.

$$C_d = CO_{2-M} + CO_{2-T} + CO_{2-P} \tag{3.16}$$

여기서 CO_{2-M}는 시멘트계 재료, 골재, 물 및 혼화제(감수제)를 포함하는 재료단계에서의 CO_2 배출량이며, CO_{2-T}는 각 재료의 출구부터 레미콘 공장까지 운송단계에서 배출되는 CO_2 양이며, CO_{2-P}는 공장에서 콘크리트 생산단계의 CO_2배출량이다. 재료단계인 CO_{2-M}은 다음 식에 의해 산정된다.

$$CO_{2-M} = \sum_{i=1}^{n} (W_i \times CO_{2(i)-LCI}) \tag{3.17}$$

여기서 i는 콘크리트 생산을 위해 이용된 각 재료이며, n는 이들 재료의 수이며, W_i와 $CO_{2(i)-LCI}$는 각각 재료 i의 단위질량(kg/m^3)과 CO_2 원단위(CO_2-kg/kg)이다. 재료단계에서의 시스템 경계는 원료채취(cradle)에서부터 가공·제조 후 출품되는 출구(gate)까지이다.

운반단계의 CO_2 배출양인 CO_{2-T}는 콘크리트 구성재료들의 출구에서부터 레미콘 공장까지로서 다음과 같이 산정된다.

$$CO_{2-T} = \sum_{i=1}^{n} (W_i \times D_i \times CO_{2(i)-LCI(TR)}) \tag{3.18}$$

여기서 D_i는 재료 i의 출구에서 레미콘 공장까지 운반거리(km)이며, $CO_{2(i)-LCI(TR)}$은 재료 i의 운반수단에 대한 CO_2 원단위(CO_2-kg/km · kg)이다.

콘크리트 제조공정은 각 재료들의 하역, 저장, 계량, 혼합기로 운반 및 혼합 등의 5공정으로 구분될 수 있다. 5가지 공정에서 대표적으로 사용되는 기계설비는 콘크리트 구성재료의 저장을 위한 사일로와 재료운반을 위한 컨베이어벨트 설비, 콘크리트 믹서이다. 따라서 콘크리트 생산단계의 CO_2 배출량(CO_{2-P})은 각 공정에서 기계설비에서 소비되는 에너지양에 의해 산정될 수 있다. 국내의 레미콘 공장에 대한 자료조사에 의하면 콘크리트 $1m^3$를 생산하기 위해 소비되는 에너지원에 의해 환산된 CO_2 원단위는 약 0.71 CO_2-kg/m^3로 평가된다.

전과정 데이터목록(life cycle inventory, LCI)은 기온, 에너지원 및 천연자원의 차이에 따라 그리고 각 나라에 따라 상이하므로 자국에서 제공되는 원단위를 이용하는 것이 가장 바람직하다. 우리나라는 국토교통부, 환경부와 지식경제부에서 물질 및 부품 제조, 가공공정, 수송, 사용 및 폐기활동 등에 대하여 약 400여 개의 LCI 데이터베이스를 구축하고 있다. 환경부에서 구축한 LCI는 환경산업기술원에서 관리하고 있으며, 전용 홈페이지 (http://edp.or.kr)를 통해 제공하고 있다. 국토교통부에서 주관하여 구축한 LCI는 www.kcmlci.or.kr에서 제공하고 있다. 현재까지 구축된 국가 LCI 데이터에서 건설활동에 관련된 데이터는 약 60여 개로서 선진국에 비해 적은 상황이다. 콘크리트 배합단계에서 CO_2 평가를 위해 필요한 LCI 데이터가 아직 국가 LCI 데이터베이스에 제공되지 않을 경우 일본 또는 유럽의 데이터를 우선 이용할 것을 추천한다.

그림 3.11의 시스템 경계에서 나타낸 콘크리트 배합단계에서 CO_2 배출량의 산정 예를 표 3.11에 나타내었다. 이 예제에서 콘크리트 배합에 대한 데이터 품질로서 시간적 경계는 2012년이며, 지역적 경계는 서울 중심의 한국이다. 콘크리트 배합, 시공 및 해체에 대한 기술적 경계는 표준기(3~5월, 9~11월)이다. 레미콘 공장은 서울 방배동

표 3.11 **콘크리트 배합단계에서의 CO_2 평가 예 (f_{ck}=24 MPa)**

Functional Unit (FU) : m^3	Material			Transportation		
	A	B	C=A·B	D	E	F=A·D·E
Item \ Unit	kg/FU	CO_2-kg/kg	CO_2-kg/FU	km	CO_2-kg/kg·km	CO_2-kg/FU
OPC	231	9.31E-01	215.33	277	5.92E-07	0.038
FA	125	3.49E-03	0.43	339	5.92E-07	0.024
Sand	919	8.06E-04	0.74	47	1.14E-06	0049
Coarse	838	4.29E-03	3.58	37.6	1.14E-06	0036
Water	163	1.12E-04	0.02	Sum		0.147
Sum			220.11	–		
Concrete Production	1 m^3	0.71 CO_2-kg/FU	0.71			
Total=220.96 CO_2-kg/FU(=220.11+0.71+0.147)						

에 위치하는 것으로 가정하였으며, 각 구성재료의 출구는 가능한 먼 거리로 가정하였다. 표 3.11에서 A열은 콘크리트 배합에 관련된 정보로서 각 재료의 단위질량이며, B열은 각 재료의 LCI에서 제공하는 CO_2 원단위이며, D열은 각 재료의 생산지이며, E열은 각 재료의 생산지 출구에서부터 레미콘 공장까지의 거리이며, F열은 각 재료 운송수단의 CO_2 원단위이다. 따라서 콘크리트 생산을 위한 콘크리트 구성재료들의 생산에 의한 CO_2 배출량은 A열과 B열의 곱으로 산정되며, 그 재료의 운반에 의한 CO_2 배출량은 A열, E열 및 F열의 곱으로 산정된다. 레미콘 공장에서 콘크리트 생산단계에서 배출하는 CO_2 양은 C열의 아래에 별도로 나타냈다. 콘크리트 설계압축강도 40 MPa에 대해 R사에서 실무적으로 이용하는 배합표에 대해 콘크리트 배합단계에서의 CO_2 배출량을 산정한 결과 투입되는 재료에 의한 양은 340.2 CO_2-kg/m^3이며, 그 재료의 운반에 의한 양은 11.3 CO_2-kg/m^3이며, 콘크리트 생산에 의한 양은 0.71 CO_2-kg/m^3이다.

3.3.2 배합설계

1) 단위결합재 양(B)의 결정

표 3.11에 나타내었듯이 콘크리트 배합단계에서 CO_2 배출량에 대한 보통포틀랜드 시멘트의 기여분은 약 97% 이상을 차지한다. 따라서 CO_2가 저감된 콘크리트 생산을 위해서는 시멘트 양을 최소화할 필요가 있으며, 이는 고로슬래그, 플라이애시 및 실리카 퓸 등의 혼화재 치환이 좋은 대안이다. 하지만 혼화재 치환은 콘크리트 압축강도 및 내구성에 영향을 미치므로 우선 목표 CO_2 저감에 대해 혼화재의 적절한 치환율을 결정해야만 콘크리트 품질을 확보하는 배합설계가 유도될 수 있다.

일반적으로 콘크리트는 물-결합재비가 감소함에 따라 압축강도가 증가하므로 높은 압축강도발현을 위해서 많은 양의 결합재가 소비된다. 한편, 콘크리트의 압축강도 증가는 구조부재의 단면 크기를 줄일 수 있으므로 콘크리트 양의 감소에 의한 CO_2저감 효과를 기대할 수 있다. 따라서 단위 압축강도(1 MPa)의 발현을 위한 결합재 양 및 이에 따른 CO_2 양이 평가될 필요가 있다. 목표 CO_2 저감률에 대한 혼화재 설계를 위하여 결합재 지수(B_i)와 CO_2 지수(C_i)를 다음과 같이 정의할 수 있다.

$$B_i = B/f_{ck} \tag{3.19}$$

$$C_i = C_d/f_{ck} \tag{3.20}$$

여기서 B는 콘크리트 기능단위(1 m^3)에 대한 결합재 양(kg/m^3)이며, f_{ck}는 콘크리트 압축강도이다. 콘크리트의 결합재 지수와 CO_2 지수의 관계를 평가하기 위하여 5,230개의 실내배합 데이터와 7,306개의 레미콘 공장 배합데이터를 분석하였다. 각 콘크리트의 CO_2 배출량은 제공된 배합표를 이용하여 해설 표 3.11의 절차로부터 산정하였다.

콘크리트의 CO_2 배출량은 콘크리트 압축강도 및 이에 따른 단위결합재 양과 혼화재 치환율에 의해 영향을 받았다. 이를 고려하면 콘크리트의 CO_2 지수와 결합재지수의 관계는 그림 3.12로부터 식 3.21와 같이 나타낼 수 있다.

$$C_i = 0.94\left[1-\left(R_F^{1.06}+R_G^{1.1}+R_S^{0.92}\right)\right]B_i \ \ (\mathrm{kg/m^3 \cdot MPa^{-1}}) \tag{3.21}$$

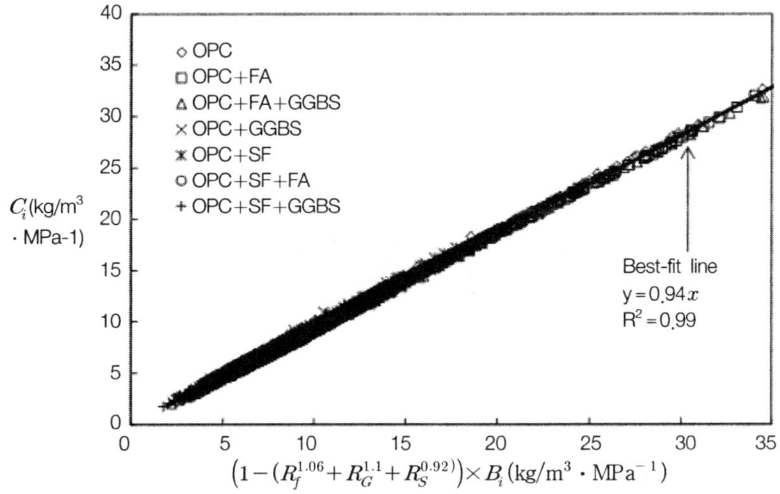

그림 3.12 **결합재 지수(B_i)와 CO_2 지수(C_i)의 관계**

여기서, R_F, R_G, R_S는 각각 플라이애시, 고로슬래그 및 실리카 퓸의 치환율이다. 콘크리트의 CO_2 지수와 결합재지수의 정의에 의해 콘크리트의 배합단계에서 배출되는 CO_2 양(C_d)은 다음 식 3.22로부터 간단하게 산정될 수 있다.

$$C_d = 0.94\left[1-\left(R_F^{1.06}+R_G^{1.1}+R_S^{0.92}\right)\right]B \ \ (\text{kg/m}^3 \cdot \text{MPa}^{-1}) \qquad (3.22)$$

각 혼화재의 치환율과 전체 결합재 양은 콘크리트 배합표에서 제공되므로 실무적으로 식 3.22를 이용하면 주어진 콘크리트 배합표에서 CO_2 배출 양을 쉽게 평가할 수 있다.

식 3.22에서 혼화재가 치환되지 않은 콘크리트의 경우 R_F, R_G, R_S의 값들은 0이므로 콘크리트의 CO_2 배출량은 시멘트 양의 0.94배와 같다. 따라서 식 3.22에서 $\left(R_F^{1.06}+R_G^{1.1}+R_S^{0.92}\right)$는 시멘트 100% 콘크리트의 CO_2 배출량에 대비 각 혼화재가 치환된 콘크리트 CO_2 배출량의 저감비율을 의미한다. 예를 들어 플라이애시 30%가 치환된 콘크리트는 동일 압축강도를 갖는 시멘트 100% 콘크리트 대비 CO_2 저감률이 27.73%이다.

콘크리트의 단위결합재 양은 CO_2 배출량과 함께 압축강도에 중요한 영향을 미친다. 콘크리트 압축강도(f_{ck})와 결합재 지수(B_i)의 관계는 다음 그림 3.13과 같다.

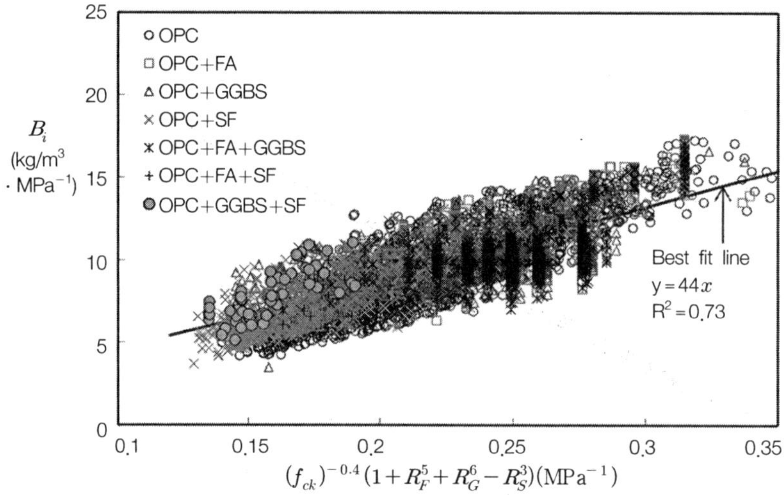

그림 3.13 **결합재 지수(B_i)와 압축강도(f_{ck})의 관계**

일반적으로 압축강도의 증가에 따라 결합재 양이 증가한다. 게다가 혼화재의 종류 및 치환율이 결합재 양에 중요한 영향을 미친다. 동일한 압축강도에서 보통포틀랜드 시멘트에 비해 플라이애시와 고로슬래그로 치환된 콘크리트는 결합재 양이 많은 반면 SF로 치환된 콘크리트는 결합재 양이 적다. 이러한 영향들을 고려하면 혼화재와 콘크리트 압축강도, CO_2 저감률의 관계는 식 3.23과 같이 나타낼 수 있으며, B_i의 정의로부터 식 3.23은 식 3.24와 같이 나타낼 수 있다.

$$B_i = 44(f_{ck})^{-0.4}(1 + R_F^5 + R_G^6 - R_S^3) \ \ (\mathrm{kg/m^3 \cdot MPa^{-1}}) \qquad (3.23)$$

$$B = 44(f_{ck})^{0.6}(1 + R_F^5 + R_G^6 - R_S^3) \ \ (\mathrm{kg/m^3}) \qquad (3.24)$$

CO_2 저감을 고려한 콘크리트 배합설계에서 결합재 설계가 가장 중요한 단계이며, 위에서 제시한 바와 같이 식 3.24를 통해 산정될 수 있다. 하지만 레미콘 공장과 같은 산업체에서 이 모델 식으로 결합재를 산정하는 것은 어려움이 있다고 사료된다. 따라서 그림 3.14와 같은 설계 차트를 이용하면 콘크리트 배합에서 목표 CO_2 저감률과 사용되는 혼화재 종류에 따라 혼화재의 치환율을 쉽게 결정할 수 있다.

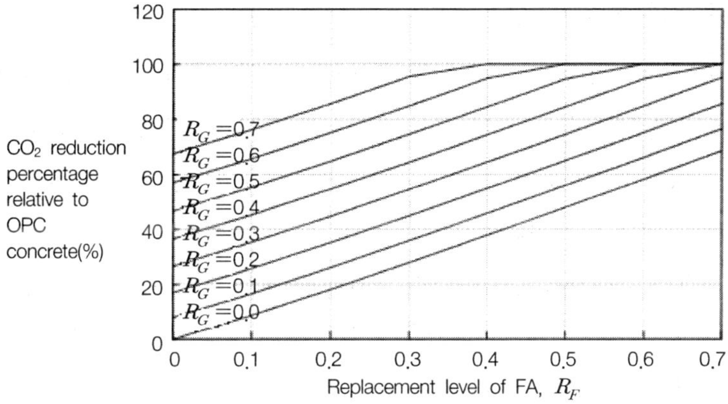

(a) OPC+FA+고로슬래그 시멘트 2종

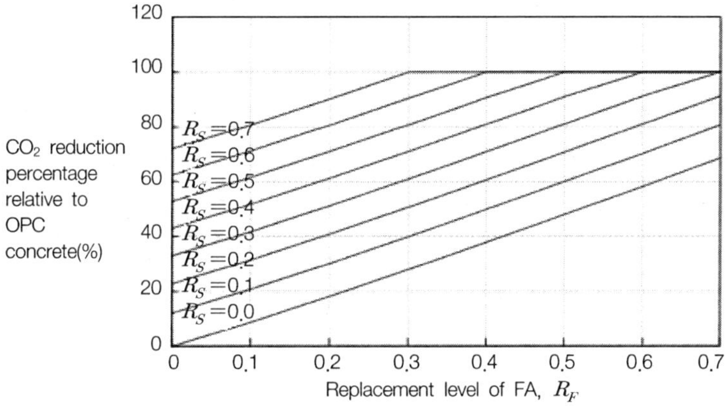

(b) OPC+FA+SF

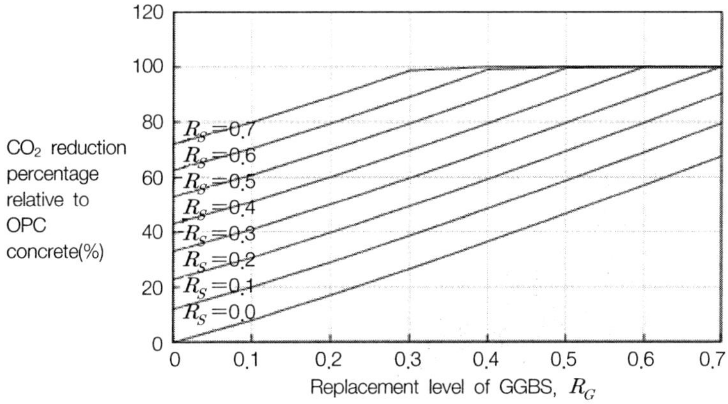

(c) OPC+고로슬래그 시멘트 2종+SF

그림 3.14 **혼화재 설계 도표**

2) 물/결합재비(W/B)의 결정

일반적으로 콘크리트의 압축강도는 물-결합재(W/B) 및 공기량(v_A)에 반비례한다. 게다가 압축강도에 대한 물-결합재(W/B)의 효과는 혼화재의 종류 및 치환율에 의해 영향을 받는다. 동일한 압축강도의 OPC 콘크리트에 비해 혼화재가 치환된 콘크리트에서는 낮은 물-결합재(W/B)가 요구된다.

전반적으로 이러한 영향 인자들을 고려하여 최적 비선형 회귀분석을 통해 압축강도를 예측하는 방정식이 다음과 같이 공식화될 수 있다. 그림 3.15로부터 콘크리트의 f_{ck}에 대한 W/B는 다음 식 3.25에 의해 결정될 수 있다.

$$\frac{f_{ck}}{f_0} = 1.12[W/B(1+R_F^2+R_G^3-R_S^2)(v_A)^{0.1}]^{-1.06} \tag{3.25}$$

여기서 f_0(=10 MPa)는 콘크리트 압축강도에 대한 참고값이며, v_A는 목표 공기량이다.

각 혼화재의 치환율은 식 3.24를 통해 CO_2 저감률을 고려하여 미리 결정될 수 있다. 따라서 상기 식 3.25로부터 W/B는 아래의 식 3.26에 의해 결정될 수 있다.

$$\frac{W}{B} = 1.11\left(\frac{f_0}{f_{ck}}\right)^{0.94}[(1+R_F^2+R_G^3-R_S^2)(v_A)^{0.1}]^{-1} \tag{3.26}$$

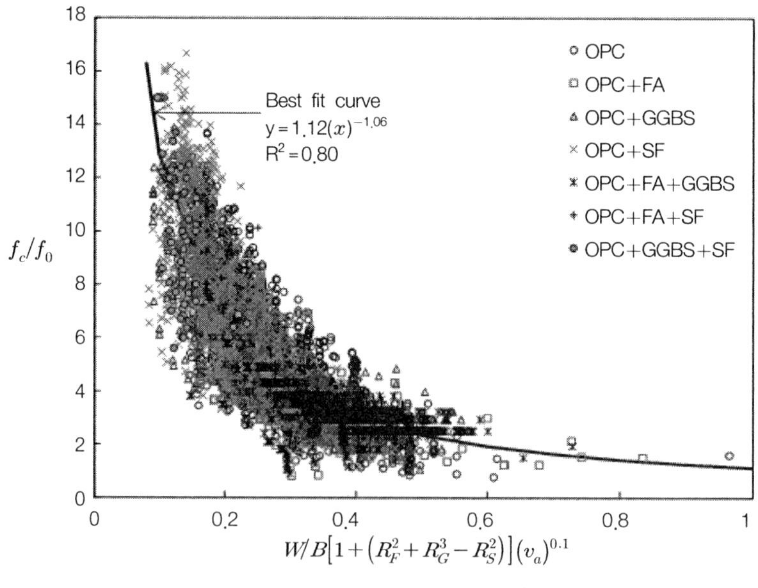

그림 3.15 **콘크리트의 f_{ck}와 W/B의 관계**

3) 잔골재율(S/a) 결정

감수제는 콘크리트의 유동성을 향상시킨다. 게다가 콘크리트의 유동성은 혼화재의 종류 및 치환율에도 영향을 받는다. 유동성 향상에 대한 기여도는 고로슬래그 시멘트 2종과 SF가 FA에 비해 상대적으로 낮다.

콘크리트의 유동성은 주로 물-결합재비(W/B), 단위수량(W), 골재직경(d_a), 조립률(F_m) 잔골재율(S/a) 및 공기량(v_A) 등에 의해 결정된다. 하지만 슬럼프에 대한 감수제 또는 혼화재의 영향을 고려하기 위해서는 감수제와 혼화재의 종류에 따른 화학적 성분, 투입량 및 배합수의 온도 등 고려해야 할 요인이 광범위하다. 이에 따라 본 연구에서는 초기 슬럼프 예측모델에서 감수제와 혼화재의 영향을 고려하지 않았다.

단위수량은 결합재와 골재의 비, 잔골재 입자의 입도, 그리고 초기 슬럼프에 대해 독립적인 것으로 가정한다. 수분 함량 및 다른 혼합비율이 고정되는 경우 유동성은 골재직경(d_a), 조립률(F_m), 그리고 골재의 양에 의해 지배된다. 사실, 주어진 물-결합재비(W/B)의 값에 대해 가장 높거나 가장 낮은 유동성을 제공하는 잔골재율(S/a) 값이 있다.

또한, 예컨대 W, W/B, S/a, d_a 및 F_m과 같은 영향을 미치는 요인은 콘크리트의 유동성을 예측하기 위한 목적으로 상호 의존적이다. 예를 들어, 낮은 S/a는 고체의 높은 총 표면적을 의미한다. 따라서 동일한 함수량에서 유동성이 다소 감소한다. 실제로는 유동성에 대한 혼합비율의 영향은 지침에 제공된 이전의 테스트 데이터 또는 설계도표에 기초하여 경험적으로 예측한다.

연구는 콘크리트의 초기 슬럼프와 다른 영향 인자의 관계를 가이드라인에 제공된 디자인 테이블[3-12]을 사용하여 비선형 회기분석을 실시하면, 콘크리트의 초기 슬럼프(S_i)를 예측하기 위한 식은 다음과 같이 나타낼 수 있다(그림 3.16). 실험데이터의 슬럼프값들과 일반적인 배합에서의 슬럼프값을 비교하기 위해 예측치(S_i)를 기본값(S_0)으로 무차원화시켰다.

$$\frac{S_i}{S_0} = -3.825X^2 + 34.895X - 77.433 \tag{3.27}$$

$$X = \left(\frac{W}{B}\right)\left(\frac{S}{a}\right) + \left(\frac{W}{W_0}\right) + \left(\frac{d_a}{d_0}\right)^{0.2} + (F_m)^{0.1} \tag{3.28}$$

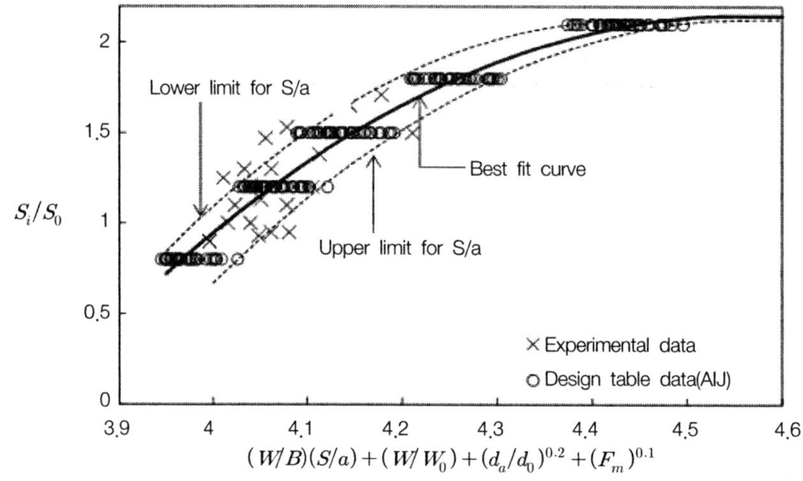

그림 3.16 **콘크리트의 초기 슬럼프 예측 모델**

여기서 $S_0(=100\,\text{mm})$, $W_0(=100\,\text{kg/m}^3$에서), 및 $d_0(=25\,\text{mm})$는 각각 초기 콘크리트의 슬럼프값, 단위수량, 골재의 최대직경을 의미한다. 식 3.28에서 W/B 및 W는 식 3.24와 식 3.26을 이용하여 결정한다. 여기서 d_a 및 F_m은 골재의 물성으로 초기 입력값이다. 따라서 주어진 S_i를 이용하여 식 3.27을 이차방정식을 이용하여 풀고 나서, 식 3.28에 의해 S/a를 구할 수 있다.

또한 그림 3.16은 데이터베이스로부터 추출된 실험 데이터와 설계도표를 사용하여 나타낸 곡선과의 비교를 나타낸다. 실험 데이터는 공기량 0.025와 함수량 및 혼화재 감소 없이 단지 콘크리트 혼합물만 포함한다.

실험 데이터의 대부분은 설계도표에서 결정된 상한계와 하한계 범위 내에 있지만 콘크리트의 유동성은 각 성분의 믹싱온도와 습도상태 등의 환경 조건에 의해 영향을 받으므로 S_i의 예측에서 약간의 분산대의 존재는 불가피하다.

게다가 0.025 이상의 공기량과 혼화재로 치환된 콘크리트에 대해서는 식 3.27과 식 3.28을 통해 결정된 S/a값이 일반적인 범위인 0.25~0.55를 벗어났다. 이러한 경우 시험배합을 통해 그림 3.16과 같이 S/a값을 일반적인 범위 또는 상하한 범위 내로 조정해야한다고 권장한다. S/a의 상한계 및 하한계를 결정하기 위한 곡선은 다음 식 3.29와 같이 표현될 수 있다.

$$\frac{S_i}{S_0} = -5.309X^2 + 47.154X - 102.58 \quad \text{for lower limit curve} \quad (3.29a)$$

$$\frac{S_i}{S_0} = -4.483X^2 + 40.985X - 91.541 \quad \text{for upper limit curve} \quad (3.29b)$$

$$\frac{S_i}{S_0} = -3.825X^2 + 34.895X - 77.433 \quad \text{for optimum curve} \quad (3.29c)$$

4) 콘크리트 배합강도(f_{cr}) 산정

콘크리트 배합강도(f_{cr})는 콘크리트 배합설계 시 목표 콘크리트 압축강도(f_{ck})를 만족시키기 위한 보정계수를 곱한 값으로 산정된다. 본 연구에서는 f_{cr} 산정에 대하여 ACI 318-14[3-13]에서 제시한 모델(식 3.30)을 사용하였다.

$$f_{cr} = A_1 f_{ck} + B_1 \quad (3.30)$$

여기서 A_1와 B_1은 계수값으로 f_{ck}가 21 MPa 이하일 때는 각각 1.0과 7.0이며, f_{ck}가 21 MPa 이상 35 MPa 이하일 때는 1.0과 8.3, 그리고 f_{ck}가 35 MPa 이상인 경우에는 1.1과 5.0을 사용한다.

5) CO_2 저감을 만족하는 콘크리트 배합설계 프로세스

목표 CO_2 저감을 고려한 보통중량 콘크리트 배합설계는 위에서 제시한 각각의 모델을 기반으로 다음과 같은 프로세스로 수행된다(그림 3.17).

(1) Input data 입력

이 단계에서는 사용자가 사용하는 콘크리트 구성재료의 물리적 특성을 입력하는 것으로 Input data로는 시멘트계 재료들의 밀도 및 골재의 밀도, 직경, 흡수율 등이 있다. 또한 콘크리트의 목표 CO_2 저감률과 일반적인 목표성능(슬럼프, 콘크리트 압축강도, 공기량)을 설정한다.

(2) 결합재 설계

목표 CO_2 저감률을 만족시키기 위한 콘크리트 배합설계에서는 결합재 설계단계가 가장 중요하다. 결합재 설계를 위해서는 OPC 콘크리트 대비 목표 CO_2 저감률 설정과 사용되는 혼화재를 선택해야 한다.

CO_2 저감률을 만족시키기 위한 결합재는 제시한 모델식(식 3.22) 또는 현장 적용형 도표(그림 3.14)를 이용한다.

(3) W/B 결정

W/B는 Input data에서 결정한 f_{ck}와 결정된 결합재량에 의해 식 3.24으로 산정한다.

(4) S/a 산정

S/a는 식 3.27과 식 3.28로 산정하며 산정된 S/a는 0.25 이상 0.55 이하의 범위에 있어야 한다. 만일 산정된 S/a가 이 범위를 벗어날 경우에는 상한계 S/a 또는 하한계 S/a 중 가까운 값으로 결정한다.

(5) 절대용적 배합방법 검토

이전단계에서 결정된 콘크리트 구성재료(시멘트계 재료, 골재, 물, 공기량 등)의 용적 합이 1 m^3에 부합하는지 검토한다.

(6) CO_2 발생량 검토

산출된 콘크리트 배합설계의 CO_2 발생량을 평가하여 목표 CO_2 발생량에 만족하는지 검토한다. 하지만 만족하지 않는 경우에는 2단계 결합재 설계부터 재산정한다.

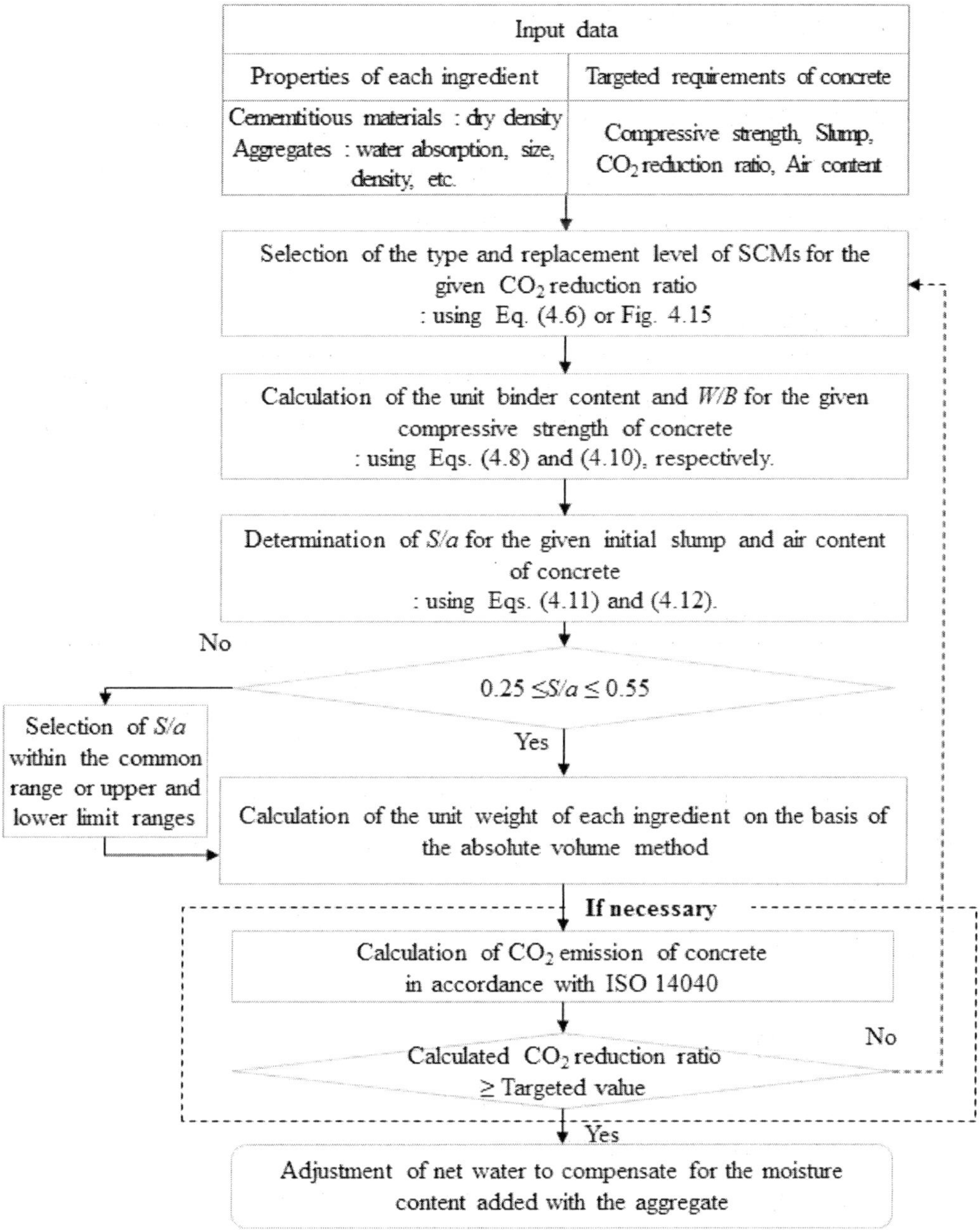

그림 3.17 **CO_2 저감에 기반한 콘크리트 배합설계 프로세스**

3.3.3 배합설계 프로세스 예시

본 절에서는 이상에서 설명한 목표 CO_2 저감을 고려한 혼화재 치환율을 결정하기 위해 제시된 절차에 대한 적용성을 설명하기 위한 일반적인 예시를 나타내었다.

골재의 물성치는 표 3.12와 같으며, 콘크리트의 설계 요구 사항은 표 3.13과 같다.

표 3.12 **골재의 물리적 특성**

Type	Maximum size (mm)	Bulk density (kg/m³)	Apparent density (kg/m³)	Water absorption (%)	Grading	Moisture content (%)
Coarse aggregate	25	1510	2600	2.05	6.89	0.025
Fine aggregate	5	1750	2600	1.85	2.51	0.02

표 3.13 **콘크리트 배합상세**

Mixture	Targeted requirements				Content per unit volume of concrete (kg/m³)						
	S_i (mm)	f_{ck} (MPa)	v_A	γ_{co2} (%)	W	W_{net}	OPC	FA	고로슬래그시멘트 2종	S	G
OPC	125	24	0.025	–	187	177	354	–	–	363	1396
OPC+FA	125	24	0.025	30	170	158	242	114	–	875	900
OPC+FA+고로슬래그 시멘트 2종	125	24	0.025	40	177	165	204	80	71	749	1020

예시 1 : OPC 배합

a) 배합강도는 식 3.30에 의해 계산된다.

$$f_{cr} = 24 + 8.3 = 32.3 \text{ MPa}$$

b) 식 3.24를 이용하여 목표 압축강도에 따라 결합재를 결정한다.

$$B = 44(32.3)^{0.6} = 354 \text{ kg/m}^3$$

c) W/B와 W를 결정한다.

$$W/B = 1.1\left(\frac{10}{32.3}\right)^{0.94}(0.025^{0.1})^{-1} = 0.53$$

$$\therefore W = 0.53 \times 354 = 187 \text{ kg/m}^3$$

d) 식 3.27과 식 3.28을 이용해 S/a를 결정하고 주어진 S_i를 이용하여 식 3.28을 풀면

$X = 4.076$;

목표 슬럼프(S_i)를 위한 S/a는 0.21이다. 이 값은 일반적인 S/a의 값을 약간 벗어난다. 따라서 S/a를 위한 하한계 곡선(lower limit curve)을 이용한다.

$X_{Lower-\lim} = 4.1$, and $S/a = 0.25$

$$\therefore\ S/a = \left(\frac{1}{0.53}\right)\left[4.1 - \left(\frac{187}{100}\right) - \left(\frac{25}{25}\right)^{0.2} - (2.51)^{0.1}\right] = 0.25$$

e) 결정된 S/a와 절대단위용적 ($1\ m^3$)으로부터 굵은골재와 잔골재의 단위 질량을 결정한다.

$G = 1315\ kg/m^3$과 $S = 444\ kg/m^3$

f) 골재의 함수량에 대한 실제 물의 양을 계산한다.

- 굵은골재에 의한 물$=1315(0.025 - 0.0205) = 5.9\ kg/m^3$
- 잔골재에 의한 물$=444(0.02 - 0.0185) = 0.7\ kg/m^3$
- 따라서 골재의 표면수를 고려한 실제 단위수량(W_{wet})

$= 187 - 5.9 - 0.7 = 180 kg/m^3$.

g) 이상의 배합에 따른 CO_2 발생량은 3장에서 제시한 CO_2 평가방법을 이용해서 계산할 수 있다(표 3.14). 따라서 배합단계에서의 총 CO_2 발생량은 336.45 CO_2-kg이다.

예시 2 : OPC+FA 배합

a) $f_{cr} = 24 + 8.3 = 32.3$

b) 그림 3.14의 설계 차트를 이용하여 γ_{co2}을 위한 R_F을 선택한다.

$R_F = 0.275$

c) $B = 44(32.3)^{0.6}(1 + 0.3^5) = 355\ kg/m^3$

d) $W/B = 1.1\left(\frac{10}{32.3}\right)^{0.94}\left[(1 + 0.3^2)0.025^{0.1}\right]^{-1} = 0.49$

$\therefore W = 0.49 \times 355 = 174\ kg/m^3$

e) $X = 4.076$;

표 3.14 **1번 예제의 CO_2 발생량 산정결과**

Functional Unit (FU) : m^3	Material			Transportation		
	A	B	A · B	D	E	A · D · E
Item \ Unit	kg/FU	CO_2–kg/kg	CO_2–kg/FU	km	CO_2–kg/kg · km	CO_2–kg/FU
OPC	354	9.31E–01	329.6	277	5.92E–07	5.81E–02
Sand	444	8.08E–04	3.59E–01	47	1.14E–06	2.38E–02
Coarse	1315	4.27E–03	5.62E+00	37.6	1.14E–06	5.64E–02
Water	187	1.12E–04	2.09E–02	–	–	–
Sum			335.6	1.38E–01		
Production (Fresh concrete)	1 m^3	7.10E–01 CO_2–kg/FU	7.10E–01			
Total = 336.4 CO_2–kg/FU(= 335.6 + 0.7 + 0.1 CO_2–kg)						

$$\therefore S/a = \left(\frac{1}{0.53}\right)\left[4.07 - \left(\frac{174}{100}\right) - \left(\frac{25}{25}\right)^{0.2} - (2.51)^{0.1}\right] = 0.48$$

f) 결정된 S/a와 절대단위용적 (1 m^3)으로부터 굵은골재와 잔골재의 단위질량을 결정한다.

g) $G = 914$ kg/m^3과 $S = 857$ kg/m^3

h) 골재의 함수량에 대한 실제 물의 양을 계산한다.

- 굵은골재에 의한 물=857(0.025 − 0.0205) = 4.1kg/m^3
- 잔골재에 의한 물=857(0.02 − 0.0185) = 1.3 kg/m^3
- 실제 단위수량=174 − 4.1 − 1.3 = 169 kg/m^3.

i) 표 3.15 평가 절차를 따르면 OPC+FA 배합의 총 CO_2 발생량은 약 25 %이다. 따라서 R_F는 0.32로 재선정하여 목표 저감률 30 %을 만족시킨다. 표 3.13에 나타낸 배합은 R_F=0.32를 고려하여 결정되었다.

예시 3 : OPC+FA+고로슬래그 시멘트 2종 배합

a) $f_{cr} = 24 + 8.3 = 32.3$

b) 목표 CO_2 저감률(γ_{co2})을 고려한 R_F 및 R_G을 결정한다.

R_F=0.225, R_G=0.2.

c) $B = 44(32.3)^{0.6}(1 + 0.225^5 + 0.2^6) = 354 \text{ kg/m}^3$

d) $W/B = 1.1\left(\frac{10}{32.3}\right)^{0.94}[(1 + 0.225^2 + 0.2^3)0.025^{0.1}]^{-1} = 0.5$

$\therefore W = 0.5 \times 354 = 177 \text{ kg/m}^3$

e) $X = 4.076$, and $S/a = 0.42$

f) $G = 1020 \text{ kg/m}^3$과 $S = 749 \text{ kg/m}^3$

표 3.15 **2번 예제의 CO_2 발생량 산정결과**

Functional Unit (FU) : m^3	Material			Transportation		
	A	B	A·B	D	E	A·D·E
Item \ Unit	kg/FU	CO_2-kg/kg	CO_2-kg/FU	km	CO_2-kg/kg · km	CO_2-kg/FU
OPC	242	9.31E-01	224.85	277	5.92E-07	3.97E-02
FA	114	3.49E-03	3.98E-01	322	5.92E-07	2.17E-02
Sand	1025	8.08E-04	8.28E-01	47	1.14E-06	5.49E-02
Coarse	749	4.27E-03	3.20E+00	37.6	1.14E-06	3.21E-02
Water	170	1.12E-04	1.90E-02	-	-	-
Sum			229	1.48E-01		
Production (Fresh concrete)	1 m^3	7.10E-01 CO_2-kg/FU	7.10E-01			
Total = 229.8 CO_2-kg/FU(= 229 + 0.7 + 0.1 CO_2-kg)						

g) $W_{wet} = 177 - 4.6 - 1.1 = 171 \text{kg/m}^3$.

h) OPC+FA+고로슬래그 시멘트 2종 배합에 대한 CO_2 발생량은 198.21 CO_2-kg으로 목표 CO_2 저감률(γ_{co2}) 40 %을 만족한다.

표 3.16 **3번 예제의 CO_2 발생량 산정결과**

Functional Unit (FU) : m^3	Material			Transportation		
	A	B	A·B	D	E	A·D·E
Item \ Unit	kg/FU	CO_2-kg/kg	CO_2-kg/FU	km	CO_2-kg/kg · km	CO_2-kg/FU
OPC	204	9.31E-01	189.61	277	5.92E-07	3.35E-02
고로슬래그시멘트 2종	71	3.40E-02	2.41E+00	339	5.92E-07	1.42E-02
FA	80	3.49E-03	2.79E-01	332	5.92E-07	1.57E-02

Functional Unit (FU) : m^3	Material			Transportation		
	A	B	A · B	D	E	A · D · E
Sand	749	8.08E-04	6.05E-01	47	1.14E-06	4.01E-02
Coarse	1020	4.27E-03	4.36E+00	37.6	1.14E-06	4.37E-02
Water	177	1.12E-04	1.98E-02	–	–	–
Sum			197.29	1.47E-01		
Production (Fresh concrete)	1 m^3	7.10E-01 CO_2-kg/FU	7.10E-01			
Total=198.1 CO_2-kg/FU(=197.3+0.7+0.1CO_2-kg)						

제4장 PC구조물의 시공 관련 BAT

4.1 생산

프리캐스트 콘크리트는 일반적으로 온도 및 습도 등이 유지되는 공장에서 만들어진다. 이는 폐기물, 방출량, 소음 정도 등의 제어를 가능하게 하고 기존의 빌딩에서 같은 공정과 비교 가능하다. 생산 환경은 비교적 쉽게 제어 가능하다.

더욱이 자기 다짐 콘크리트(SCC)와 같은 새로운 기술 사용은 생산 공정에서 발생하는 소음과 진동을 상당히 줄인다. 고성능 콘크리트의 사용은 신뢰성 있고 보다 내구성 있는 최적화된 구조물의 설계를 가능하게 한다. 구조물에 대한 재료 소비를 아낄 수 있는 가능성이 있고 그 결과 천연자원 감소가 분명하게 나타날 수 있다.

철근 프리패브의 환경적 부담은 콘크리트의 원자재(시멘트와 강재의 생산)부터 발생한다. 콘크리트 원자재로부터의 환경적 부담은 콘크리트 생산 공정의 환경부담에 비해 약 3배 정도 크다.

4.1.1 재활용

프리캐스트 콘크리트 생산 도중 발생하는 잉여 물질은 다음과 같이 구성된다.

- 철근이 포함되거나 포함되지 않은 굳은 콘크리트
- 철근과 강재들
- 합판과 목재들
- 굳지 않은 콘크리트(생산과 장비 세척에 의해)
- 콘크리트 절단에 의해 발생한 슬러리
- 절연물질(광물섬유와 폴리스티렌)
- 기계 조립 공장에 의해 나온 기름
- 종이와 같은 포장재료

재료의 과잉 양은 공장들과 생산 방식에 따라 다양하다. 북유럽 국가의 몇몇 연구에서 프리캐스트 콘크리트 1 m^3 생산당 약 100 kg 재료의 과잉이 발생하는 것을 나타냈다. 잉여 물질 중 약 40 %는 굳은 콘크리트 혹은 굳지 않은 콘크리트의 생산에서 발생하고, 약 45 %는 장비의 세척과 콘크리트 절단에서 발생한다. 콘크리트 절단에서 발생하는 슬러리는 중공슬래브 생산 중에 나온다.

프리캐스트 공장에서 발생하는 여러 개의 잉여물질을 분류하고 선택하는 방법은 간단하다. 많은 공사현장의 계획은 잉여재료를 생산자에게 다시 돌려준다. 다음의 재료들은 잉여재료를 생산자에게 돌려줄 수 있다.

- 강재
- 절연물질
- 기름
- 종이와 같은 포장재료
- 처리된 목재, 잘려지고 사용된 산업목재

공장에서 재활용하거나 다운-사이클링할 수 있는 재료는 다음과 같다.

- 경화된 콘크리트
- 굳지 않은 콘크리트
- 슬러리

하지만 약간의 재료는 사라지고 여러 종류의 폐기물이 처리되기 때문에 모든 것을 설명할 수 없다.

1) 굳은 콘크리트

파쇄 과정 중 발생하는 콘크리트 잉여물은 새로운 콘크리트의 골재 혹은 다운-사이클된 노상 충전 재료로 사용된다. 프리캐스터는 파쇄된 재료에 대한 질을 제대로 파악해야 한다. 경화된 콘크리트의 재활용 비용은 전 세계적으로 다르긴 하지만 파쇄골재 사용에 따른 비용과 비슷하다. 재생골재는 철근 콘크리트나 프리스트레스 콘크리트에 사용될 수 있다. 여러 시방서에서 콘크리트의 성능에 손실이 없을 경우 20% 정도의 재생골재를 사용하는 것을 용인한다. 네덜란드에서는 적어도 20% 재생골재를 사용하는 것을 요구하고 있다. 많은 프리캐스트 공장에서는 전체 골재 중 약 5% 정도의 재생골재를 사용하고 있다. 100% 파쇄 및 재활용된 콘크리트를 중공 슬래브의 중공 부분에 사용하여 시험할 경우 시험상 큰 문제가 발생하지 않았다. 불행하게도 몇몇 시방서에서는 여전히 파쇄 콘크리트를 새로운 콘크리트에 사용하는 것을 제한하고 있다.

강재의 제거는 파쇄 공정 중에서 쉽게 수행된다. 그리고 강재는 재활용된다.

일반적으로 이동가능한 파쇄장치는 프리캐스트 공장에서 사용된다. 단점은 이동 가능한 파쇄장치의 비용이 비싸다는 것이다. 콘크리트 폐기물은 장기간 수집되어지고 이것은 무더기를 만들어 경관상 보기 좋지 않게 된다. 가능하다면 프리캐스터들은 저렴한 방법으로 자주 파쇄를 할 수 있는 방법을 찾아야 한다. 예를 들어, 굴착기를 이용한 파쇄방법이 가능하다. 이렇게 된다면 지역의 기계 계약자들은 자신의 편의에 맞게 보다 자주 파쇄공정을 거칠 수 있는 장점이 있다. 이런 방법은 경제적으로도 이득이다. 단점은 얻어지는 재료가 새로운 콘크리트의 골재로서 사용할 수 없다는 것이다. 하지만 충전재로서의 사용이 가능하다. 따라서 다운-사이클링으로 구성할 수 있다. 하지만 돌이 파괴된다면 도로건설에 있어 불충분한 노상재료로서 생산된다. 이것은 파쇄 콘크리트를 사용함에 있어 환경적으로 좋은 해결방법이다.

유럽의 많은 프리캐스터들은 공정에서 이 방법들 중 하나의 방법을 사용하여 경화된 콘크리트의 잉여물을 재활용한다.

2) 굳지 않은 콘크리트

굳지 않은 콘크리트의 과잉 사용 대부분은 장비 세척, 절단, bed-end, 콘크리트 배합 후 잔재들로부터 발생한다. 잔골재와 굵은골재는 굳지 않은 콘크리트로부터 분리되고 바로 재사용된다. 잔골재와 굵은골재 제거 후 시멘트 슬러리는 증기 혹은 재사용수가 콘크리트 배합한 곳 안에 남아 있게 하고 잔여물을 배합과정의 찌꺼기로 남게 한다. 콘크리트 생산과정에서의 잔여물은 종종 경화되고 경화된 콘크리트의 과정을 거치게 된다.

3) 슬러리

슬러리는 굳지 않은 콘크리트에서 모래와 자갈로 분리된 잔유물이다. 그러나 굳은 콘크리트를 냉각수를 사용하여 절단할 경우에 슬러리가 생산되기도 한다. 이 슬러리는 환경을 고려한 하나의 재료로 사용 가능하다.

슬러리의 입자들은 높은 비표면적을 가지고 있고, 콘크리트의 질에 영향이 없이 새로운 콘크리트의 생산으로서 사용되어지지 않는다. 콘크리트 생산에서의 잔여물 사용은 시멘트 소비량 증가를 야기하며, 환경적으로나 경제적, 기술적으로도 좋은 해결방법은 아니다. 잔여물은 박리제에 의해 오염되기도 한다. 따라서 입자들은 종종 침전된다.

잔여물의 화학적 분석과 성장시험은 전세계적으로 다양한 곳에서 수행하고 있고 재료에 모래를 첨가하여 좋은 결과를 나타냈다. 하지만 잔여물에 중금속 또는 해로운 물질의 구성요소를 포함하는지 검사해야 한다.

4.1.2 에너지 효율

프리캐스트 콘크리트는 밀폐된 공장 안에서 생산되므로 에너지를 매우 효율적으로 활용할 수 있다. 예를 들어 콘크리트의 강도 증진을 빠르게 하는데 사용되는 열은 건물의 난방효과를 가져다준다. 거대한 콘크리트 구조물을 만들 때 시멘트의 수화반응은 공장의 난방효과에 기여한다.

프리캐스트 콘크리트 생산 공장은 콘크리트 강도 증진을 위한 기계들이 필요하고 이는 건물의 난방효과를 주는 기계도 필요하다. 후자의 경우는 추운 기후의 곳에서도 중요한 역할을 한다. 예를 들어 북유럽의 프리캐스트 공장에서 겨울철 에너지 소비량은 연평균 에너지 사용량보다 40%가 높다. 생산 과정의 에너지 소비량은 생산 종류

표 4.1 **공장 종류에 따른 생산공정의 주 에너지 소비량**

공장 종류	평균(MJ/m³)	범위
콘크리트 element 공장	790	400–1700
레미콘 공장	520	160–700
콘크리트 생산 공장	350	200–700
multi product 공장	580	300–1500

에 따라 다르다. 표 4.1은 1998년부터 2000년까지 핀란드의 공장 종류에 따른 에너지 소비량을 나타낸 것이다.

이 표 4.1은 공장의 에너지 소비량만 나타낸 것이고, 재료, 재료의 운송, 콘크리트의 운송 등에 대한 에너지 소비량은 나타내지 않았다.

표 4.1는 콘크리트 생산 공장과 multi product 공장의 에너지 소비량이 레미콘 공장에 비해 많다는 것을 나타내고 있다. 하지만 레디믹스트 콘크리트에서 콘크리트 배합 후 공사현장에서 에너지가 추가로 발생한다(타설, 다짐, 난방 등).

콘크리트의 생산 공장 에너지 소비량을 아낄 수 있는 가능성이 있다. 핀란드의 한 조사 결과 열에너지는 25% 감소가 되었고, 전력도 15% 정도 아꼈다는 것이 나타났다. 공장의 발열 시스템을 발전시키는 경우 에너지를 효과적으로 아낄 수 있다. 노르웨이 프리캐스트 공장의 평균 에너지 소비량을 표 4.2와 표 4.3에 나타냈다.

표 4.2 **프리캐스트 생산에서 평균 에너지 소비량**

에너지원	단위	양	에너지(MJ/m³ 콘크리트)	총 에너지 소비량에 대한 비율
디젤유	L	0,55	24	2%
경유	L	2,68	118	11%
중유	kg	6,39	332	32%
천연가스	m³	2,99	119	12%
전력량	kWh	56	422	41%
지역난방	kWh	1	8	1%
액화가스	m³	0,12	13	1%
		Total	1036	100%

표 4.3 **에너지 소비의 분포**

따뜻한 물	건물난방	골재건조	연소, 관수로 손실	생산설비	조명	난방, 통풍, 공기조화
34 %	10 %	10 %	9 %	20 %	6 %	11 %

프리스트레스트 콘크리트 빔이 철근 콘크리트 빔과 같은 지지력에 대해 비교했을 때 환경적인 측면에서 더 좋은 것으로 나타났다. 프리스트레스트 콘크리트 빔의 에너지 사용량은 철근 콘크리트 빔에 비해 약 4% 적은 것으로 나타났다.

신뢰성 있는 간단한 예제를 기록하면 다음과 같다. 6.5 m 빔에 40 kN/m의 자중과 24 kN/m의 활하중이 가해진다. 단면은 300×600 m^2이며, 상부 철근은 $2-\phi20$ mm, 하부철근은 $3-\phi25$ mm$+3-\phi20$ mm, 프리스트레스 빔은 $7-\phi12$ mm를 사용한다. 프리스트레스의 전단철근 감소량은 무시한다. 그 결과 철근은 2,415 mm^2에서 693 mm^2로 감소하였다. 철근량 감소로 인하여 약 70 %의 에너지 절약을 확인하였다. 골재와 시멘트 운송장비, 크레인, 철근 절곡기, 바이브레이터와 같은 필수적인 보조 장치의 반복 사용은 필수 업무에서만 사용해야 한다.

콘크리트 생산에 필요한 에너지 소비량은 시멘트 사용량을 줄이고 혼화재를 사용함으로써 개선되며, 이는 생산 과정에서 합리적인 에너지 소비 방법이다. 시멘트 비율을 최소화시키며 시멘트를 다른 부산물로 대체하고, 혼화제를 사용하는 것도 하나의 방법이다.

그러나 프리캐스터들에게는 이 방법이 오래된 방법이다. 따라서 자기충전 콘크리트로 대체하여 자기충전 콘크리트의 사용량이 극적으로 증가하였다. 자기충전 콘크리트는 진동기 사용량을 없앤다. 이는 환경적으로 두 가지의 긍정적인 효과가 있다. 진동장치 사용을 하지 않아서 에너지 소비가 줄어든다. 소음을 줄이고 무거운 장치의 이동을 줄임으로써 노동자의 환경을 개선할 수 있다. 자기충전 콘크리트를 생산하기 위한 모든 환경적, 기술적, 경제적 영향을 고려한 최적의 방법을 연구할 필요가 있다.

4.1.3 인력

효율적인 생산을 성취하기 위해 몇몇의 가능성이 있다. 거푸집의 반복 사용 등이 하나의 예이다. 그러므로 프리캐스팅 플랜트에서 콘크리트를 타설할 때 인력 사용은 일반적인 건설현장에 비해 줄어든다. 추가로 적은 양의 프리캐스트 콘크리트사용은 많은 비용을 아낄 수 있다.

4.1.4 재료

거푸집

일반적으로 거푸집은 합판과 강재로 제작된다. 거푸집의 아주 많은 주기는 일반적으로 프리캐스팅 플랜트 내의 콘크리트 부재 생산에서 필요하다. 때때로 이 주기가 건설현장에서보다 증가하기도 하여 원재료를 아낄 수 있다. 프리캐스팅 강재 거푸집은 주기 횟수에 대한 제한을 두고 있지 않지만 합판 거푸집은 20~50번 정도의 제한 주기로 두거나 타설을 한 경우이거나 거푸집의 모양이 복잡하게 변형되었을 경우에 대해 교체한다.

더욱이 프리캐스터의 생산물을 표준화하기 위한 모든 노력을 통해 비용 절감을 할 수 있다. 강재 거푸집을 사용하여 부재를 타설할 경우 지속가능한 생산에 대해 한걸음 나아갔다고 표현할 수 있다.

노르웨이에서는 거푸집의 약 65% 정도 강재 거푸집을 외관 요소의 생산으로서 이용하고, 빔과 기둥 생산의 70% 정도를 강재 거푸집을 이용하여 타설한다. 합판거푸집을 사용하였을 때, 평균적인 소비량은 5 kg/m^{3}이고 제재거푸집을 사용하였을 때는 12 kg/m^{3}이다. 목재는 거푸집의 재료로 쓰일 뿐만 아니라 다른 방법으로도 사용할 수 있다.

목재 거푸집이 닳아서 못쓰게 되기 전에 콘크리트 m^{3}당 평균 거푸집의 크기와 타설의 평균 횟수에 근거하여 산정하면 거푸집의 환경적 부담은 시멘트의 환경적 부담의 1/5로 줄일 수 있다.

1) 철근

철근을 제작하는 공정은 사실상 건설현장에서의 공정과 같다. 프리캐스터가 잔유물을 쉽게 찾을 수 있도록 투명한 생산을 거쳐 철근 폐기물을 적게 배출하는 경우는 제외한다. 이와 같이 철근의 올바른 활용으로 인해 천연 자원의 소비량을 줄일 수 있다. 잉여 철근은 철근 생산자에게 다시 되돌아간다. 반면에 프리캐스트 부재는 부재 조작의 과정과 부재 이동 과정에서 연결선으로서 약간의 추가 철근이 요구되기도 한다.

2) 박리제

이전의 박리제는 광유성분이 포함되어 있었는데, 이는 노동자들의 건강에 악영향을 주고 대기오염, 수질오염, 토질오염을 일으키며, 생분해성이 매우 좋지 않는 등 위험한 폐기물로 대표되어 왔다.

최근에는 새로운 marine ester와 medical white oil과 vegetable oil을 혼합한 박리제가 개발되었다. 이 oil은 생분해성이 좋고 위험성이 거의 없다.

프리캐스트 시공자들은 콘크리트 1 m^3당 약 0.5 kg의 박리제를 사용한다. 광유는 여전히 사용되는데 가격적인 면에서 환경친화적인 박리제가 더 저렴하다.

스칸디나비아에서는 여전히 약 50 %의 비율로 광유를 사용하고 있다. vegetable oil은 약 20 %, 왁스는 30 %의 비율로 사용한다. 개선의 여지가 있음을 알 수 있다.

3) 실리콘

실리콘은 주로 거푸집에서 이음 부분을 연결해주는 역할을 한다. 생태계를 기반으로 한 실리콘 실런트의 완벽한 생애주기에 관한 과학적 결과는 발견되지 않았다.

4) 혼화제

시멘트와 골재, 그리고 혼화제는 프리패브에서 흔히 사용된다. 이 혼화제는 크게 네 개의 그룹으로 나눌 수 있는데, 감수제, 공기연행제, 응결지연제와 응결경화촉진제이다. 특별한 경우에 사용하는 다른 종류의 혼화제도 있다. 혼화제 사용의 목적은 경화된 콘크리트뿐만 아니라 굳지 않은 콘크리트의 품질을 개선하는 데 있다. 혼화제의

사용은 환경적으로도 이로운 효과를 가져다준다(고내구성 콘크리트, 시멘트 소비량 저하, 타설 중 에너지 손실량 감소 등).

감수제는 일반적으로 합성화합물이고, 설폰 나프탈렌/멜라민 프롬알데히이드 응축수, 설폰산 에스테르, 탄수화물 에스테르 등이 있다. 감수제는 콘크리트 중량의 0.02~0.1 % 정도를 첨가한다. 감수제는 일반적으로 방출에 대한 중요성을 가지고 있지 않다.

공기연행제는 콘크리트의 동해 저항성능을 개선시키는 효과가 있다. 혼화제는 계면활성 혼합물질이고 투입 양은 매우 적다(콘크리트 중량의 0.002~0.02 %를 차지함).

응결지연제와 응결경화촉진제는 프리캐스트 콘크리트에서 아주 적은 양을 사용하는데, 일반적으로 콘크리트 중량의 0.1 %보다 적게 사용한다. 혼화제 사용량은 적지만 환경영향에는 매우 중요하게 작용한다. 게다가 혼화제의 대부분은 프리패브리케이션에서 주로 사용되며 비독성, 유기화합물이다.

5) 혼화재료

프리패브리케이션에서 플라이애시, 고로슬래그, 실리카퓸과 같은 혼화재는 바인더 재료로서 흔히 사용된다. 혼화재료 사용의 목적은 콘크리트의 가격과 품질을 증진시키고 시멘트 소비량을 감소시키는 데 있다.

실리카퓸은 산업부산물로부터 나왔고, 실리카퓸을 사용함으로써 폐기물의 양이 줄어들어 콘크리트의 환경 부담을 줄여준다. 실리카퓸은 콘크리트의 내구성을 증대시키는 역할을 한다.

플라이애시는 화력발전소에서 모아진다. 이 또한 생산 과정에서 만들어지는 폐기물이다. 하지만 플라이애시는 약간의 중금속을 포함하고 있기 때문에 콘크리트의 중금속 함유량이 증가한다. 콘크리트의 공극을 정제하여 침출의 감소를 가져다준다. 따라서 환경에 대한 약간의 해로운 영향이 있다. 플라이애시의 콘크리트 플랜트로의 운반은 화석연료 형태의 에너지로 소비된다. 일반적으로 시멘트의 10~30 % 플라이애시로 대체할 수 있다. 따라서 콘크리트의 환경적 부담은 다소 줄어든다.

고로슬래그의 생산 시 발생하는 에너지의 양은 시멘트 생산에 요구되는 에너지의 약 1/3(1.3/5 MJ/kg)을 차지한다. 이산화탄소 배출량도 시멘트와 비교했을 때 1/10

(69/670 CO_2/kg) 정도이다.

혼화재의 생애주기동안 환경적 효과의 지식은 쉽게 이용가능하지 않다. 플라이애시를 포함한 콘크리트로부터 중금속이 용출되는 것에 대한 조사가 필요하다. 혼화재 첨가 시, 시멘트의 환경영향을 아낄 수 있다. 그러나 혼화재 사용 시 혼화재가 버려지는 일이 없도록 적절한 양을 고려해야 한다.

혼화재는 환경적으로 긍정적인데, 이는 프리캐스팅 산업은 다른 산업의 부산물을 혼화재로 사용하기 때문이고(실리카퓸, 고로슬래그, 플라이애시 등과 같은 혼화재) 시멘트의 소비량도 줄여주는 효과를 가져오기 때문이다.

4.1.5 내륙 수송

내륙 수송은 3단계로 나눌 수 있고, 플랜트의 저장고로부터 콘크리트를 운송할 수 있고 플랜트의 굳지 않은 콘크리트 운송과 완성품을 현장으로 운송하는 과정이 포함되어 있다.

시멘트, 골재, 철근 등 플랜트에 가져다 주어야만 한다. 이 과정은 공사현장에서도 똑같이 진행된다. 운송 거리는 현장의 상황에 따라 매우 다양하다.

운송로가 변경되지 않는 한 효율적으로 수송하기 위하여 필요한 투자의 가능성을 열어 놓아야 한다. 프로판으로 만들어진 레일 혹은 전동기관차, 컨베이어 같은 내륙 수송이 대표적인 예이다.

추가 처리 작업을 거친 프리캐스트 생산품은 현장에의 타설 구조물과 비교하여 완성 부재의 내륙 수송이 추가된 것이다. 유럽에 있는 공장 대부분은 전동 천장 주행용 기중기 혹은 프로판 전동 레일 수송이 설비되어 있다. 디젤 구동 리프트는 전 세계의 일부지역에서 사용된다. 따라서 디젤 구동 리프트를 사용하는 공장에서는 공정이 개선될 여지가 있어 보인다.

4.1.6 품질 보증

기후 조건을 제어하고 반복 작업을 거친 프리캐스트 부재의 생산은 허용오차와 콘크리트 품질의 정확한 제어를 이끌어낸다. 이 같은 작업은 재료의 올바른 사용을 이끌어내기 때문에 재료 소비의 감소를 가져온다. 생산공정의 통제 자체가 재료를 완벽하게 이용할 수 있도록 한다.

많은 시방서에서는 적은 오차와 좋은 품질 관리가 문서화되어 있는 경우 재료의 물성계수를 적게 설정해 놓는다. 예를 들어 최신판의 EC2에서는 만약 '적은 오차'에 대한 생산 제어 요구를 만족하였을 경우 부분안전계수값을 작게 적용하도록 가이드라인에 제시하였다. 허용 오차 혹은 최종 단위가 측정된 임계치수를 기반으로 계산되었다면 추가적인 부분안전계수 감소를 허용한다. EC2는 부분안전계수에 대한 추천 값도 제안하였다.

작은 기하학적 편차를 얻기 위해 필요한 대책과 결과를 확인하기 위해 필요한 작업은 반복적인 작업에서 간단하며 비용절감을 이끌어낸다. 따라서 프리캐스팅은 물질의 효율적인 활용이 가능하여 재료 소비를 줄일 수 있다.

4.1.7 오염

콘크리트 생산품은 주로 먼지나 소음 형태의 환경오염을 유발한다. 중공콘크리트 부재의 생산은 경화된 콘크리트 부재를 절단해야 하는 특수 목적을 가지고 있는데, 이 과정에서 소음 및 먼지를 발생하게 된다. 소음 레벨은 85dB을 초과하게 되고, 심지어 100dB까지도 올라간다. 하지만 최근 콘크리트 절단기에 방음 장치를 입혀 사용하기도 한다. 콘크리트 절단날은 물로 냉각시키고 씻어내기 때문에 먼지 형태의 오염물질이 재활용될 수 있는 슬러리 형태로 방출되었을 가능성이 있다.

타설의 전 과정 중 공장에서 오염 가능한 모든 원인이 발생하는 경우 공장 환경의 투명성을 확인하고 이를 제어할 수 있게 된다. 용접 현장에서 공기가 방출되기 전에 필터를 통과한 공기가 하나의 예가 될 수 있다. 많은 공장에서 구현되지 않았지만 시멘트, 골재, 굳지 않은 콘크리트의 운송을 위한 닫힌계는 하나의 예가 된다.

4.1.8 환경

생산 시설의 환경에 관한 두 가지 문제가 있다. 첫 번째는 '더러움, 어려움, 위험'으로 간주된 건설산업의 노동자 작업에 대한 책임이다. 노동자들이 선택한 직업에 대해 가능한 편안한 삶을 살 수 있게 하는 의무가 있다. 두 번째로는 건설산업은 대중에게 방해가 될 수 있다.

최근 공장에서는 노동자를 위한 환경으로 비교적 깨끗하고, 먼지나 소음이 없고, 유독가스가 없으며, 쾌적한 온도 및 습도를 유지하도록 해야 한다. 공장처럼 닫혀 있는 환경의 일터는 노동자가 매우 불쾌감을 느낄 수 있게 통제되어 있다. 노동자에 대한 가장 분명한 이점은 불리한 기상조건 및 근무환경으로부터 보호받을 수 있는 것이다. 밀폐된 공장의 콘크리트 부재 생산 시 주민들이 당할 수 있는 먼지 방출과 소음에 대한 피해를 최소화시켜야 한다.

모든 프리캐스팅 공장이 밀폐되지는 않았다. 야외에서 생산하는 경우 기상조건이 나쁘지 않을 것이다. 노천 생산시설에 대한 작업이 주민에게 피해를 줄 수 있기 때문에 적어도 인구 밀집지역이나 주거지역 근처에는 노천 생산시설을 설비하지 않는다.

4.2 운송 및 구조물

영구 프리캐스팅 공장에서 노동자를 위한 주택, 거푸집, 비계 설치, 저장공간 등은 필요하지 않다. 이러한 측면은 프리캐스팅 자재 및 에너지 소모량에서 상당한 절약을 가져다주는데, 이는 건물을 새로 설치하거나 노동자를 위한 시간을 구축할 필요가 없기 때문이다. 비계 설치는 일반적으로 프리캐스트 구조가 필요하지 않다.

4.2.1 운송

프리캐스트 단위의 크기로 인해 건설 재료의 많은 부분은 건설 지역으로 각각의 운송방법에 의해 보내진다. 프리캐스트 단위의 크기에 따라 트럭의 크기를 선정하므로 건설현장 지역으로의 운송 시 보다 적은 연료가 소모된다. 거푸집, 버팀목, 비계 등과 같은 프리캐스트 구조물의 재료는 건설현장에 전달될 필요가 없다. 이는 트럭 운송 횟수의 현저한 감소를 나타내며, 결국 화석연료의 소비 감소를 의미하는 것이다. 프리캐스트 부재 운송과정의 에너지 소비량은 0.00114 MJ/kg/km이다. 이는 프리캐스트 콘크리트 부재 제조 시 발생하는 총 에너지 소비량의 5∼10 %를 나타낸다.

프리캐스트 부재 운송의 많은 경우에 프리캐스팅 공장과 건설현장 지역 사이의 거리에 따라 운송방법을 결정해야 한다.

- 주요 강에 바지선
- 해안지역의 배
- 철도

이 모든 운송방법은 트럭운송에 비해 에너지 효율이 대단히 좋고 환경적 측면에서 가능하면 위의 운송방법들이 많이 이용되어야 한다. 하지만, 철도운송의 추가 비용이 정당화되기 위한 최소한의 전송거리가 있다. 이는 운송거리가 300 km 이상일 때 트럭운송에 비해 운송 비용이 적게 든다.

프리캐스팅 공장은 해안가 혹은 강가에 위치할 수 있고, 공장 소유의 항구나 부두가 있어 프리캐스팅 부재를 바로 바지선이나 배에 운반할 수 있도록 공장이 위치하기도 한다. 또한 많은 공장들은 공장 소유의 기차레일이 저장고까지 연결되어 있는 경우도 있다. 하지만 이 운송방법들의 단점은 거의 모든 경우에 바지선, 선박, 철도 수송만으로 프리캐스팅 공장까지 운반될 수가 없어 트럭으로 프리캐스팅 공장으로 운반해야 한다. 프리캐스팅 부재의 손상은 운반과 적재 과정에서 발생한다. 또한 받침대는 운반선의 바깥쪽에 위치시켜 부재를 보호하고 운반선이 목적지로 가는 도중의 충돌을 막아야 한다.

4.2.2 건설 공기

프리캐스트 시공은 구조물의 실제 주요 부분 건설 지역에서 짧은 시간만 머물도록 이끌어야 하는데, 구조물이 공장에서 제작되는 대로 현장에 적용되어야 하기 때문이다. 이는 건설현장 자체가 도심 지역의 시민에게 방해를 줄 수 있으므로 매우 중요한 문제이다.

프리캐스트 단위는 일반적으로 상당히 크고, 각각의 활동(거푸집, 비계, 철근, 콘크리트 제작)이 끝나면 건물의 큰 부분을 차지하게 된다. 건설 과정은 매우 빠르고 효과적이며, 이는 이동식 크레인으로 수행한다. 경제적 이유로 이동식 크레인의 크기는 작업에 필요할 정도의 최소 크기로 조정하고 그에 따라 연료 소비를 최소로 유지시킬 수 있다.

4.2.3 인력

일반적인 구조물 제작팀은 2명에서 3명의 노동자와 1명의 크레인 작동자로 구성된다. 이 소수의 사람들은 적어도 건물의 전체 프레임(벽뿐만 아니라 바닥, 지붕)을 세우는 역할을 한다.

다음은 노르웨이의 건설 흐름에 따른 일반적인 건설기간 산정이다.

- 바닥판 건립 - 근로일당 300 m^2
- 바닥판 접합부 그라우팅 - 1일당 500 m^2
- 기둥 건립 - 1일당 8개
- 빔 건립 - 1일당 15개
- 벽체 건립 - 1일당 7개
- 계단과 엘리베이터 샤프트 - 1일당 2개

용접, 그라우팅과 같이 필수적인 건설 공정을 포함한 상업용 건물(사무실, 쇼핑센터, 학교)은 매일 약 100 m^2씩 건립된다. 아파트 역시도 매일 80 m^2씩 건립이 되고 있다. 상업용 건물과 주거용 건물의 1일당 건립량이 다른 이유는 주거용 건축은 일반적으로 더 엄격한 시공오차 요구사항이 존재하기 때문이다.

4.2.4 폐기물

구조물이 프리캐스트로 지어질 때, 건축현장에서의 폐기물 처리는 약간 있다. 1996년 스웨덴에서 조사를 수행하여 문서화시켰다. 어떠한 지역은 400채의 아파트가 건립

될 것으로 계획되었다. 이 중 각각 11채의 아파트들을 포함한 10군의 비슷한 건물군을 선택하였다. 이들 건물 중 5군은 프리캐스트로 건설되었고, 5군은 현장타설로 건설되었다. 각각의 프로젝트는 에너지 소비, 시간 소비, 재료 소비, 건설 공기, 생산성, 작업 환경, 병가, 사고, 품질, 품질 관리, 설치, 폐기물 발생은 물론 비용에 대한 정확한 기록을 유지했다. 여기서 언급된 조사는 단지 건설현장의 폐기물 발생을 조사한 것이다. 최종결과는 건설현장의 폐기물 양은 프리캐스트 건설현장이 현장타설 건설현장에 비해 35% 더 적다.

최근에는 노르웨이의 주요 프로젝트가 건설 폐기물 발생량에 주의를 기울이고 있다. 건물 바닥 면적은 대략 150,000 m^3이고, 바닥판의 기본 구조는 프리캐스트 중공 슬래브와 강철 프레임으로 구성되어 있다. 강철 프레임과 슬래브의 품질 및 건립은 프리캐스트 제작자에 의해 수행되며, 이러한 건설에 있어 현장에서 발생하는 잉여 물질은 중공 슬래브 건설의 1 m^2당 약 1 kg 정도 되었다. 이 잉여물질은 접합부의 그라우팅 과정에서 나온 나무와 콘크리트 철근으로 구성되어 있고, 거기에 약간의 에폭시 폐기물이 나왔으나 무게 측정에 영향을 주기에 충분한 양은 아니었다. 이 잉여물질에서 에폭시 수지를 제외한 것들은 모두 재활용되고, 폐기물로서 고려되어지지 않는다.

4.3 건축물

4.3.1 설계수명

1994년에 1차 지속가능 건설에 대한 국제학술회의에서 지속가능 건설에 대한 용어의 정의가 다음과 같이 되었다. "생태적 원칙과 자원의 효율적 사용을 기반으로 하는 건강한 건축환경의 책임 유지 및 생성" 이와 같은 정의는 에너지 사용, 실내 환경과 같은 필수적인 환경 특성을 요약한 것이다. 지속가능성뿐만 아니라 생애주기비용의 중요한 측면은 서로 다른 구조물과 건물에 기여한 시스템의 설계 수명을 고려하는 것이다. 건축물에 대한 생애주기설계는 다음과 같이 가정할 수 있다.

- 1차 시스템=외부 쉘구조와 프레임 구조→설계 수명>80년

• 2차 시스템=주요 내부 파티션→30년의 설계 수명
• 3차 시스템=내부 파티션 벽→10년의 설계 수명

따라서 내구성과 재활용 가능성은 생애주기설계의 가장 중요한 두 가지 측면이다.

4.3.2 다양한 구조 시스템

주거지와 사무실 같은 다층건물의 프레임을 비교하였다. 여기서의 단위는 바닥 1 m^2 당 수평 및 수직 구조물의 모든 요소와 재료를 포함한 건물의 수명으로 하였다. 즉 하중의 영향이 가해지는 건물의 모든 부분에 대한 건물의 수명을 조사하였다. 건물의 수명은 50년으로 하였다. 여기서는 철거물의 잔해를 처리하기 위한 다양한 계획을 조사하였다.

표 4.4 **프레임 비교**

현장타설 콘크리트 프레임	프리캐스트부재와 강재 프레임	프리캐스트부재 프레임	현장타설 콘크리트 프레임	목재 프레임
이 두 프레임은 생태학적 관점을 포함하지 않는다. 생애주기를 정의하는 다른 방법들이 구조적 프레임을 선택하는 데 더 큰 영향을 미친다. 프레임 선택은 폐기물 혹은 재사용 가능한 재료로서 정의되는 건설 잔해물들에 전적으로 의존한다.		생태학적 관점에서 이 세 프레임 사이의 큰 차이가 없다. 이는 건설 잔해물이 재사용 가능하거나 폐기물이 아니라는 가정에 근거한 것이다. 다음의 표 4.5는 위의 3개의 프레임 바닥 1 m^2당 환경적 부담을 나타냈다.		

표 4.5 **cartegory method 효과에 따른 생애주기 동안의 환경부하량**

구 분	프리캐스트 프레임	현장타설 콘크리트 프레임	목재 프레임
Production up to finished building	8,123	7,935	3,873
Operation of the building	26,483	28,178	27,635
Demolishion and final handling	876	1,859	798
Total	35,842	37,972	32,306

구조물의 하중지지물 생산에서 바닥과 지붕은 전체 환경 부하의 75~95%를 차지한다. 따라서 바닥시공의 최적화는 전체 시공단계에서의 환경부하를 줄일 수 있을 것이다.

4.3.3 환경적 측면

원재료는 프리패브리케이션 공법의 환경부하에 있어 가장 중요한 역할을 한다. 이는 재료소비의 최적화에 중요하다.

선진적인 생산 공정 때문에 프리패브리케이션 공법에서 재료 소비량은 최소화되고 있다. 구조물의 재료량이 최소화될 수 있도록 생산기술은 최적화될 수 있다. 프리패브리케이션 공법은 콘크리트에 시멘트 최적량이 쓰일 수 있도록 콘크리트 배합 설계를 사용하도록 한다. 프리스트레싱의 총 철근 사용량을 크게 줄일 수 있다. 프리텐션 프리스트레싱 공법이 가장 많이 쓰이는 공법이다. 포스트텐션 프리스트레싱 공법은 공장환경에서 매우 쉽게 수행할 수 있고, 이는 종종 건설현장에서 사용된다. 특히, 높은 건물의 전단벽에서 포스트텐션 공법이 사용되기도 한다.

다음 표 4.6은 네 개의 프리캐스트 콘크리트 건물 설계 방법의 환경영향을 나타낸 것이다(운송에 대한 영향도 포함).

샌드위치 외관 패널을 사용하는 기존의 프레임, 프리스트레스트 콘크리트 중공 슬래브, 철근보와 철근 기둥은 'Frame A'라 칭한다. 이 부재의 경간은 약 8.1미터이고, 중공슬래브의 경간은 5.4 m와 10.8 m이다.

'Frame B'는 'Frame A'와 같지만, 프리스트레스트 콘크리트 보와 기둥은 제외한다.

'Frame C'는 'Frame B'와 비슷하지만, 고강도 콘크리트를 사용한다.

'Frame D'는 16.2미터의 경간을 가진 샌드위치 외벽 패널 지지 중공슬래브 구조물을 가정한다.

표 4.6 **프리캐스트 프레임의 환경영향 비교**

구 분			슬래브	보와 기둥	외벽	기타	합계	운송
Frame A	에너지 (MJ/m^2)	재활용 불가	584	330	204	15	1133	115
		재활용 가능	19	61	29	1	109	0
	공기 방출량 (g/m^2)	CO_2	58938	32657	21165	1657	114401	8689
		SO_2	252	146	91	6	495	25
		Ethane	12	8	4	0	25	5
Frame B	에너지 (MJ/m^2)	재활용 불가	583	341	204	15	1143	107
		재활용 가능	21	38	29	1	88	0
	공기 방출량 (g/m^2)	CO_2	58796	31760	21162	1657	113376	8042
		SO_2	252	123	91	6	472	80
		Ethane	12	6	4	0	23	4
Frame C	에너지 (MJ/m^2)	재활용 불가	607	306	204	15	1132	103
		재활용 가능	23	32	29	1	84	0
	공기 방출량 (g/m^2)	CO_2	60672	28581	21162	1657	112072	7779
		SO_2	256	109	91	6	462	78
		Ethane	12	6	4	0	23	4
Frame D	에너지 (MJ/m^2)	재활용 불가	817		268		1085	105
		재활용 가능	26		38		64	0
	공기 방출량 (g/m^2)	CO_2	79718		27738		107456	7898
		SO_2	329		119		449	79
		Ethane	16		6		22	4

프리캐스트 바닥과 현장타설 바닥의 에너지 소비량 비교는 많은 연구에서 수행되었다. 이 결과는 표 4.7에 나타냈다. 운송에 대한 에너지 소비량까지 표 4.6에 나타내었고, 프리캐스트 공장 혹은 레미콘 배치 플랜트로부터 건설현장까지의 거리는 동일한 것으로 간주하였다. 현장 타설 슬래브 생산에 대한 대량 에너지 소비는 바닥 1 m^2당 필요 콘크리트가 많기 때문이다.

표 4.7 **바닥판 생산의 에너지 소비량**

구 분	중공 슬래브(MJ/m^2)	현장타설 슬래브(MJ/m^2)
시멘트	186	389
철근	45	60
기타 원재료	15	23
제조 공정	128	32
운송	28	42
합계	401	560

다른 재료들과 비교하기 위하여 모든 환경 측면을 고려해야 한다. 다른 시공 방법이 다루어질 때, 어떤 측면에서 모든 솔루션은 최선의 방법이 될 수도 있지만 그렇지 않을 수도 있다. 내하력 크기에 따른 비교를 해야 하지만, 이를 수행하는 도구는 현재 개발되지 않았다. 시공방법에 따른 재료 소비량과 환경부하량을 측정하기 위한 도구 개발이 필요하다.

네덜란드의 한 연구는 셔터링 슬래브, 바닥에 대한 현장타설, 프리캐스트 중공슬래브에 대한 광범위한 비교 연구를 실시하였다. 다음 표 4.8은 연구의 결과를 나타내었다.

표 4.8 **다양한 바닥판 타입의 비교**

구 분	중공슬래브	셔터링슬래브	현장타설
콘크리트 (kg)	263.72	423	423
철근 (kg)	3.22	6.44	6.11
총 중량 (kg)	266.94	429.44	429.11
부영양화 (kg PO_4^{3-} eq.)	0.0356	0.0448	0.0410
배기량($\times 10^{-12}$)	0.0468	0.0621	0.0707
생태독성($\times 10^3 m^3$)	2.78	5.52	5.81
온실효과 (kg CO_2 eq.)	55.2	58.6	53.4
산성화(kg SO_2 eq.)	0.252	0.321	0.306
여름 스모그 (kg C_2O_4 eq.)	0.0297	0.0453	0.0460
인체 독성(kg)	0.318	0.429	0.411
주에너지 사용(MJ)	461	592	643
폐기물(kg)	36.3	59.6	58.8

프리캐스트구조물 건설현장에서 콘크리트와 철근은 높은 등급을 사용한 이후로 적은 재료의 경제성은 바람직해졌는데, 현장타설 구조물과 같은 지지력을 얻기 위해 적은 재료가 사용되기 때문이다. 적은 재료의 사용으로 구조물은 작은 자중이 적용된다. 공장 제조 프리캐스트 부재에 대한 적은 재료계수의 사용을 현재의 시방서를 통해 나타냈다.

4.3.4 내구성

통제 기후조건으로 생산된 프리캐스트 부재는 콘크리트의 품질에 대해 정확한 통제가 가능하다. 프리캐스트 구조물의 콘크리트 등급은 일반적인 현장타설의 콘크리트 등급보다 대부분 높다. 이러한 두 가지 사실(높은 콘크리트 등급과 통제된 양생)은 고내구성, 고밀도 콘크리트를 만들 가능성이 높다는 것을 나타낸다.

내구성의 궁극적인 목적은 오래된 구조물을 재사용하는 것이다. 외기 노출에 대해 수백년의 기대수명을 갖도록 콘크리트를 보호하는 것이다. 어떠한 철거 공정 없이도 건물 내부가 변경될 수 있도록 내구성을 가졌다면, 건물 자체는 확실히 긴 수명을 가질 수 있다.

최근에 해체된 구조물로부터 발생한 콘크리트의 재사용 방법은 새 건물 건축에 사용되는 것이 일반적이다. 그뿐만 아니라 기존 구조물에서 해체하고 그 위치에 해체된 콘크리트로 다시 건축하는 경우도 있다.

4.3.5 예시 (콘크리트 벽체 시스템)

거주용 건축물의 외부에 적용되고 방음벽에 적용되는 콘크리트 벽체 시스템 등에 또 다른 방식의 에너지 절약 방법을 적용할 수 있다. 예를 들어 건축설계에 의해 벽체는 항복강도 400 MPa의 철근이 적용된다. 벽체 패널에 사용되는 콘크리트 압축강도는 2,500~4,000 psi 정도의 범위를 갖는다. 기존 벽체의 외부적, 내부적 보수를 위해 어떠한 추가 노력 없이 적용하는 기술이 필요하다.

1) 프리캐스트 콘크리트

프리캐스트/프리스트레스트 콘크리트는 지속가능 설계에 다양한 방법으로 기여한다. 이 콘크리트는 다목적이며, 폐기물이 거의 없고 고도로 숙련된 공장 노동자에 의해 내구성 있게 제작되며, 신중하게 품질관리를 한다. 프리캐스트 패널은 공사현장에서 어떠한 공사 중단 없이 빠른속도로 건설된다. 그리고 프리캐스트 콘크리트의 열용량은 에너지를 절약시켜준다. 이러한 프리캐스트 콘크리트 시스템은 지난 50년 동안 건설산업에서 성공적으로 적용되었고, 지속가능성의 기초로서 적용되어 왔다.

주거용 건축물에서 프리캐스트 콘크리트 시스템이 사용되어 왔고, 열대지방처럼 노동자들에게 환경적으로 좋지 않은 곳에서 프리캐스트 콘크리트 시스템을 적용한 콘크리트 벽체와 지붕은 하나의 방안이 될 수 있다. 이러한 프리캐스트 콘크리트 시스템은 허리케인, 태풍, 열대저기압 등에 의한 피해로부터 피해량을 경감시키기도 한다.

프리캐스트 콘크리트 건축 시스템 사용에 환경적 기준을 도입하고 있다. 프리캐스트 콘크리트 사용은 낮은 가격, 장기적인 경제적 이익, 에너지 고효율, 낮은 유지비용뿐만 아니라 재건축까지 고려할 수 있다. 프리캐스트 콘크리트는 다양한 색을 적용할 수 있으며, 건축물 설계에 있어서 어떠한 건축재료의 적용이 가능하고, 동시에 건축물 제작에 있어 생애주기 관점으로부터 환경성과 에너지 소비 절감을 가져다준다. 지속가능성의 관점으로부터 프리캐스트 시스템 적용은 석탄, 천연가스 등과 같은 천연자원 사용을 크게 절감하는 데 한몫하였다. 이 시세틈을 적용하여 1990년에서 2010년 동안 콘크리트 생산 1톤당 CO_2 방출량을 직접적으로 10%까지 줄였다. 에너지 효율은 15% 정도 증가시켜 주었다.

2) 현장치기 콘크리트 시스템

주거용 건축물에 적용되는 전통적인 현장치기(Cast-in-place, CIP) 콘크리트 사용은 제한적이다. 주거용 건축물은 상당히 다양한 특징이 있다. 다양하게 창문내기, 다양한 길이의 wall segment, 건축물의 높이, 무게, 기울기 등을 전통적인 현장치기 콘크리트 시스템, 재사용 가능한 거푸집 사용으로 건축할 경우 주거용 건축물의 비용을 상당히 증가시킨다. 재료비, 임금 등도 매우 크게 증가시킨다. 이러한 이유로 현장치기 콘크리트 시스템은 주거용 건축물 제작에 가격면에서 경쟁적이지 않다.

3) 단열 콘크리트 거푸집(ICF)

단열 콘크리트 거푸집이라고 불리는 ICF는 원유와 천연가스에서 정제된 발포 폴리스티렌(EPS)으로 제작된 단열 내장 거푸집이다.

최초의 ICF는 플라스틱이나 금속 클립에 의해 연결된 EPS 시트 형태였다. 최근에는 콘크리트 그라우트의 형상은 격자모양의 패턴을 가진다. 이러한 패턴의 불리한 점은 건축재료가 아닌 post and beam이라는 점이며, 이 부분이 관통될 가능성이 있다는 점이다. 정사각 모양의 격자구조이기 때문에 평면방향으로의 전단저항성에 한계가 있다.

전단저항성 증가와 격자구조의 빈 공간을 채우기 위해 노력한 결과 'Waffle grid' 시스템을 개발하여 post and beam 구조물의 문제점을 해결하였다. 하지만 이러한 시스템 역시도 어떠한 공극 없이 정확하게 모두 채울 수 있다고 장담할 수는 없다. 작은 구멍이 완전히 채워지더라도 전단저항성에는 한계가 있다. 지진 취약 지점, 강풍 위험 지역은 내구성에 특히 관심이 많다.

화학저항성이 증가된 플라스틱(폴리스티렌) 제조는 내구성과 부착능력을 증가시켰다. 이 폴리스티렌은 ICF 문제점에 대한 해결책으로 제작되었으며, 두 EPS 패널(편평한 콘크리트 벽체)을 연결시켜 주는 'web' 역할을 해주었다.

제5장 해체 및 재활용 관련 BAT

5.1 콘크리트 구조물의 해체

5.1.1 해체 관련 법령 및 기준, 시방서

해체 및 철거 관련 법령 및 기준은 건축시방서에 명시되어 있다. 건축시방서에 소개된 해체 및 철거 관련 법령 및 기준은 다음과 같다.

1) 일반사항

적용범위

가. 이 시방은 건축구조물의 전부 또는 일부를 해체하는 공사에 적용하며, 리모델링공사를 포함한다.
나. 해체공사 시 건축공사와 공통되는 일반사항에 대해서는 이 시방서 01000(총칙)에 따른다.
다. 건축물의 보수 및 개수 등을 위한 작업은 포함되지 않는다.
라. 이 시방서의 일반사항과 일반사항 이외의 시방 내용 간에 상호모순이 있을 경우에는 일반사항 이외의 시방에 명시된 내용을 우선 적용한다.
마. 이 시방서에 제시되지 않은 사항은 ① 질의회신(다음의 ②부터 ⑤)에 대한 것), ② 현장설명서, ③ 공사시방서, ④ 도면, ⑤ 타 표준시방서의 순으로 적용하며, 이들 내용 상에 상호모순이 있는 경우에는 발주자의 의견에 따른다.

일반사항

공사의 신고

공사의 착수, 시공, 준공 시 해당 관계기관에 필요한 신고서류를 지체없이 제출하며, 사전에 신고내용을 담당원에게 보고한다.

설계도서의 취급

가. 구조물 해체 시공 전에 설계 도면, 구조 계산서, 시방서(示方書), 공사비 내역서, 현장 설명서 등을 포함한 설계도서를 필히 작성하여 담당자에게 승인받고 설계도서에 적용되는 필요한 도서를 정비한다.

나. 설계도서 및 공사관계도서는 공사의 시공을 위한 목적 이외에는 제3자에게 사용하도록 하지 않고 또한 그 내용을 누설하지 않아야 한다. 단, 이들 공사관계도서가 시판 중인 경우나 사전에 담당원의 승낙을 얻은 경우에는 예외로 한다.

공사의 일시중지에 관한 사항

다음의 "가"부터 "라" 중의 어느 하나에 해당되어 공사의 일시중지가 필요할 경우에는 즉시 그 상황을 담당원에 보고한다.

가. 제3자 또는 공사관계자의 안전을 확보하기 위한 경우

나. 공사착수 후에 주변의 환경문제 등이 발생한 경우

다. 별도계약의 관련공사가 지연된 경우

라. 매장 문화재가 발견된 경우

공사기간 변경에 관한 자료 제출

계약서의 규정에 근거하여 발주자가 공사기간 변경에 대한 협의를 할 경우에는 협의대상이 되는 사항에 대하여 공사기간 변경 일수의 산출근거와 변경 공정표 및 기타 협의에 필요한 자료를 담당원에게 제출한다.

의문점에 대한 협의

가. 설계도서에 정해진 내용에 의문점이 생기거나 설계도서에 따르는 것이 곤란 또는 불합리한 경우에는 담당원과 협의한다.

나. "가"의 협의결과에 따라 설계도서의 수정 또는 변경이 필요한 경우에는 계약서의 규정에 따라 조치하며, 변경이 필요 없는 사항은 담당원의 지시사항 및 협의결과를 기록하여 둔다.

사전조사

건축물의 해체공사계획 수립 시에는 해체대상 건물의 형태와 규모 및 부지, 공사 주변의 환경조건, 해체폐기물 반출을 위한 도로사정, 처리선 등의 정보나 기술적인 사전조사를 실시하여 공기, 경제성, 안전성, 환경영향 등을 검토한 후 해체공법을 선정한다.

가. 해체대상 건물의 규모 및 부지

1) 건물 준공 시의 설계도서, 공사기록 등의 입수

건물 준공 시의 설계도서, 공사기록, 특히 신축 이후의 증·개축에 대한 기록 등을 입수할 수 있으면 이를 통해 건물의 규모, 구조, 특징 등을 파악하고, 해체 수량의 산정이나 해체공법 선정의 자료로 사용한다.

2) 부재의 형상, 치수의 실측

설계도서의 보존 여부와 관계없이 현지조사를 실시하여 구조형식이나 증·개축의 유무, 건물의 균열 및 철근의 부식 상황, 바닥 등의 처짐, 구조부재의 노후도, 각 구조부재의 형상과 단면치수 및 마감상태, 잔존 설비의 상황 등을 조사한다.

3) 공지의 확인

공사용 가설물 이외의 해체공사에 필요한 기자재의 작업 공간 및 반출 콘크리트의 저장 공간, 가설도로 등의 부지 상황을 조사하여야 한다.

4) 관계자에 대한 조사

시공 당시의 관계자에 대한 면담조사가 가능할 경우 면담을 실시하여 건물 및 부지의 특성을 조사한다.

5) 잔존부의 조사

부분 해체의 경우 및 동일 부지 내의 건축물을 해체공사 시행 중에도 사용하는 경우에는 진동에 의해 영향을 받는 설비 및 기구에 대한 조사를 실시하여야 한다.

6) 부지 내 매설물 확인

부지 내에 매설된 가스, 수도관, 전기, 전화배선 등의 위치 및 심도를 조사하여 해체공사의 지장 여부를 확인한 후 조치한다.

7) 문화재 등의 매장물

공사의 시공 시에 문화재 등의 매장물을 발견한 경우에는 즉시 그 상황을 담당원에 보고하고, 그 후의 조치는 담당원의 지시에 따른다.

8) 부지의 시험파기 및 내력조사

흙에 접한 부분의 조사는 필요에 따라 시굴, 보링 등을 실시하고, 외벽 및 기초 부분에 대한 조사를 실시한다. 한편, 해체공사 및 리모델링 공사의 공사계획 시 중기를 설치하거나 부재를 흙막이재로 이용하는 경우에 구조적인 검토를 하여야 한다.

9) 재해경력, 위험물 등 조사

해체 대상건물의 화재, 동해 및 지진 피해 상황 등을 추적 · 조사한다. 또한, 잔존 시설의 위험물, 가연물, 이중 슬래브 내의 침전물 유무 및 처리상황을 조사하여야 한다.

나. 환경조사

1) 주변 건물, 공작물, 도로 현황

해체장소 주변의 건축물, 공작물 등의 구조 및 규모, 마감재의 상태, 파일의 유무 및 도로의 구조, 사용 상황, 노후도, 공사현장과의 거리, 위치, 관계를 면밀히 조사한다.

2) 특정 건물 현황

해체장소의 주변에 있는 공공시설 및 특수 용도의 건축물, 즉 교육시설, 아동복지시설, 노인복지시설, 병원, 도서관 등이 있는지 조사한다. 또한 진동, 분진, 소음에 의한 장애가 예상되는 건축물(전자현미경, 인쇄기, 통신기, 컴퓨터 등 정밀기기를 사용하는 곳)을 조사하고, 가능하면 그 허용치를 파악한다.

3) 인근 주민 및 상점가 등에 미치는 영향

해체 및 반출 차량이 주변 상점에 미치는 손익 정도를 파악하고, 가능한 한 많은 인근 주민의 의견을 조사해야 한다.

4) 전력 및 급 · 배수 시설 현황

해체공사 시 각종 기기의 전력 사용에 대한 대책으로서 주변의 전력상황과 해체 시 발생되는 분진 등을 위한 살수 및 기타 사용에 필요한 급수 및 배수시설을 설치하여야 한다.

5) 주변도로 현황

공사장 주변 및 처리선까지의 주행속도, 적재차량, 연약지반의 도로 등에 대한 조사 및 검토가 필요하며, 해체 폐기물을 반출하는 적재 트럭의 대기장소 및 적재할 수 있는 공간의 확인, 차량의 반출 · 입 방법을 검토한다.

6) 해체 시의 기상조건

강수일수, 강수량, 적설, 풍속, 풍향 등 기상조건은 해체공사에 미치는 영향이 크기 때문에 통계자료 및 기상청에 문의하는 등의 방법으로 조사를 실시하여 공정계획 시 이를 반영시킨다.

관련 법규

이 시방의 관련 법규 및 시방은 다음과 같다.

건축법
건설기술관리법
건설산업기본법
대기환경보전법
문화재보호법
산업안전보건법
석면안전관리법
소음 · 진동관리법
폐기물관리법
환경영향평가법
환경정책기본법
건설폐기물의 재활용촉진에 관한 법률
자원의 절약과 재활용촉진에 관한 법률
국토해양부 공고 건설환경관리 표준시방서
국토해양부 공고 순환골재 품질기준
국토해양부 공고 시설물 분별해체 공사요령(안)
국토해양부 공고 콘크리트 표준시방서
환경부 예규 건설폐기물의 처리기준 및 방법 등에 관한 업무처리지침

참조 표준

이 시방에서 인용된 표준은 이 시방서의 일부를 구성한다. 년도 표시가 있는 경우에는 해당 년도의 표준을 적용하며, 년도 표시가 없는 경우에는 가장 최근 표준을 적용한다.

KS F 2543 콘크리트용 동 슬래그 골재
KS F 2544 콘크리트용 고로 슬래그 골재
KS F 2563 콘크리트용 고로슬래그 미분말
KS F 2568 일반 폐기물, 하수 슬러지 또는 그 소각재를 융용 고화시킨 콘크리트용 용융 슬래그 골재
KS F 2573 콘크리트용 순환 골재
KS F 2583 콘크리트용 연슬래그 골재
KS F 2790 콘크리트용 페로니켈 슬래그 잔골재
KS F 4570 프리캐스트 콘크리트용 바텀애시 골재
KS F 4571 콘크리트용 전기로 산화슬래그 골재
KS L 5210 고로 슬래그 시멘트
KS L 5211 플라이 애시 시멘트
KS L 5405 플라이 애시
GR F 2003 파티클보드
GR F 2009 재활용 흡음용 섬유판
GR F 2010 재활용 목재 문틀재
GR F 2015 재활용 목재 플라스틱 복합체 플로어링 보드
GR F 2016 재활용 복합체 바닥판
GR F 2017 재활용 목재 플라스틱 복합체 문 세트
GR F 2018 간벌재를 이용한 목재 울타리
GR F 2019 재활용 목재 복합체 걸레받이
GR F 2020 재활용 목재 음향 확산체
GR F 4001 재활용 골재 콘크리트 벽돌

GR F 4002 재활용 골재 속빈 콘크리트 블록
GR F 4003 재활용 콘크리트 고로슬래그 시멘트
GR F 4006 재활용 골재 콘크리트 경계블록
GR F 4007 재활용 골재 보차도용 콘크리트 인터로킹 블록
GR F 4008 재활용 도자기질 타일
GR F 4010 재활용 기포 콘크리트
GR F 4014 재활용 점토벽돌
GR F 4016 재활용 골재 보도용 콘크리트판
GR F 4018 재활용 골재 보도용 맨홀 뚜껑 및 틀
GR F 4021 재활용 골재 타일
GR F 4024 재활용 골재 프리캐스트 철근 콘크리트 암거
GR F 4028 재활용 골재 도로용 측구 뚜껑
GR F 4030 재활용 골재 시각장애인용 콘크리트 점자블록
GR F 4031 재활용 석재를 이용한 포장블록
GR F 4032 산업부산물을 재활용한 콘크리트 혼입용 방수재
GR F 4033 재활용 미네랄울 단열재
GR F 4034 재활용 골재 철근 콘크리트 측구
GR F 4037 재활용 골재 철근 콘크리트 옹벽류
GR F 4038 재활용 골재 철근 콘크리트 옹벽 블록류
GR F 4039 재활용 골재 진동 및 전압 철근 콘크리트 관
GR K 0004 재활용 섬유흡음재
GR K 0005 재활용 섬유판재
GR K 0010 재활용 면섬유판재
GR K 0012 재활용 면섬유흡음재
GR L 2001 재활용 유리 대리석
GR L 2002 재활용 유리 발포블럭
GR L 2004 재활용 글라스울 단열재
GR L 2006 재활용 유리 벽돌
GR L 2007 재활용 유리 타일
GR M 3006 재활용 플라스틱 매설용 배수관
GR M 3019 재활용 플라스틱 경량 압출판재(창호문틀용 단열심재)
GR M 3034 재활용 연질염화비닐수지 지수판
GR M 3037 재활용 플라스틱 마루바닥재
GR M 3042 재활용 플라스틱 콘크리트 거푸집용 판넬
GR M 3055 복합창호용 재활용 발포폴리스티렌 단열재
GR M 3057 재활용플라스틱 창호용 형재
GR M 3061 재활용 플라스틱 바닥충격음 차단재
GR M 3062 재활용 플라스틱 옥상 수평 피트덮개
GR M 3067 재활용 플라스틱 옥상 배기구
GR M 3076 재활용 플라스틱 가설용 펜스
GR M 3077 재활용 플라스틱 시각장애인용 점자블록
GR M 3078 재활용 플라스틱 오수받이
GR M 3085 재활용 플라스틱 관 지지받침대
GR M 6007 재활용 폴리우레탄 루핑시트
GR M 6009 재활용 폴리우레탄 타일
GR M 6014 재활용 고무 지붕재

GR M 6016 재활용 고무 시각 장애인용 점자블록
GR M 6018 재활용 고무 주차보호대
GR M 7027 종이 거푸집

용어의 정의

이 절에서 사용하는 용어를 아래와 같이 정의한다.

- 건축구조물 : 건축법규에서 규정하는 건축구조물을 말한다.
- 건설부산물 : 해체공사에 따라 부차적으로 얻을 수 있는 물품으로써, 발주자로부터 임대한 물건을 제외한 모든 것이 건설부산물에 해당하며, 유가물로써 매각할 수 있는 것, 원자재로써 재이용의 가능성이 있는 것, 일반폐기물로써 처분되는 것, 산업폐기물로써 처분되는 것, 특별관리 산업폐기물로써 처분되는 것을 총칭함.
- 건설폐기물 : 「건설산업기본법」제2조 제4호에 해당하는 건설공사로 인하여 건설현장에서 발생하는 5톤 이상의 폐기물(공사를 착공할 때부터 완료할 때까지 발생하는 것만 해당한다)로서 대통령령으로 정하는 것을 말한다.
- 건설폐재류 : 폐콘크리트, 폐아스팔트콘크리트, 폐벽돌, 폐블럭, 폐기와, 건설폐토석 등을 총칭하는 것을 말한다.
- 고성능 진공청소기 : 고성능 필터 또는 이와 동등 이상의 성능을 가진 에어필터를 장착한 진공청소기를 말한다.
- 구조물 해체 설계 : 구조물 해체 시공 전에 안전, 환경, 효율 등을 고려하여 설계 도면, 구조 계산서, 시방서(示方書), 공사비 내역서, 현장 설명서 등을 작성하는 설계과정
- 리모델링 : 건축물의 노후화 억제 또는 기능 향상을 위하여 증축 · 개축 · 대수선하는 행위를 말한다.
- 분리배출 : 건설폐기물을 종류별, 처리방법별로 분리하여 배출하는 것을 말한다.
- 분리선별 : 해체과정에서 발생된 건설폐기물을 인력 또는 장비를 사용하여 성상별, 종류별로 분리해 내는 작업을 말한다.
- 분별해체 : 건설폐기물의 재활용을 고려하여 구조체의 해체 이전에 내 · 외장재, 창호, 문틀, 각종 설비 등을 성상별, 종류별로 나누어 해체하는 작업을 말한다.
- 비산먼지 : 공사장 등에서 일정한 배출구를 거치지 않고 대기 중에 직접 배출되는 먼지를 말한다.
- 산업폐기물 : 산업 활동에 따라 생긴 폐기물을 말하며, 해체공사부터 발생한 주된 산업폐기물로써는 건설폐자재(콘크리트 덩어리, 아스팔트콘크리트 덩어리, 벽돌덩어리), 폐플라스틱(폐합성수지건재, 폐발포합성수지 등의 포장재, 폐시트), 유리 및 도자기 폐기물(유리조각, 타일 및 위생도자기 조각, 내화벽돌 조각), 금속 조각(철골철근쓰레기, 비계파이프, 폐캔류), 건설목재쓰레기(목조가옥 해체재 등) 및 슬러
- 지(폐벤토나이트 오수, 폐오수, 함수율이 높고 입자가 미세한 진흙투성이 상태의
- 굴삭토) 등이 있음. 산업폐기물에는 원자재로써 재이용의 가능성이 있는 것과 원자재로써 재이용이 불가능 한 것이 있음.
- 석면 폐기물 : 중량비로 석면이 1% 이상 함유된 모든 건축자재를 말하며, 석면함유 자재의 제거작업에 사용된 비닐시트, 방진마스크, 작업복 등을 포함한다.
- 순환골재 : 건설폐기물을 물리적 또는 화학적 처리과정 등을 통하여「건설폐기물 재활용촉진에 관한 법률」 제35조에 따른 순환골재 품질기준에 적합하게 만든 골재를 말한다.
- 순환골재 등 의무사용 건설공사 : 순환골재 및 순환골재 재활용 제품을 의무적으로 사용하여야 하는 건설공사로서 국가, 지방자치단체 등에서 발주하는 건설공사 중 대통령령으로 정하는 일정 구조 · 규모 · 용도에 해당하는 건설공사(「건설폐기물의 재활용촉진에 관한 법률」 제2조 15항)를 말한다.
- 습윤제 (wetting agent) : 물의 표면장력의 감소시키기 위해 첨가하는 것으로, 물의 투과능력을 향상시켜 대상물질 내의 구석진 곳까지 습윤화시키는데 필요한 약액을 말한다.
- 우수재활용제품 인증마크(GR 마크) : 「자원의 절약과 재활용촉진에 관한 법률」 시행규칙 제2조 제1호에 의한 재활용제품으로서 국내에서 발생한 재활용 가능자원을 활용하여 개발 · 실용화된 재활용제품 중에서 제품심사(품질, 환경성)와 공장심사 등을 통과한 우수한 재활용제품에 대하여 정부가 부여하는 인증마크

를 말한다.

- 유해폐기물 : 「폐기물관리법」에서 규정한 지정폐기물을 말한다. 여기에는 유류에 오염된 폐기물, 화학약품에 오염된 폐기물, 석면 폐기물 등이 포함된다.
- 음압밀폐시스템 : 석면 분진의 대기로의 비산을 방지하기 위한 고성능 필터가 장착된 설비를 갖춘 시스템을 말한다.
- 일반해체 : 해체공사 시 폐기물의 종류별 선별을 고려하지 않는 해체방법을 말한다.
- 재사용(reuse) : 재활용 가능 자원을 그대로 또는 고쳐서 다시 쓰거나 생산활동에 다시 사용할 수 있도록 하는 것을 말한다.
- 재생이용 : 재활용 가능 자원의 전부 또는 일부를 원료물질(原料物質)로 다시 사용하거나 다시 사용할 수 있도록 하는 것을 말한다.
- 재활용(recycle) : 폐기물을 재사용 · 재생이용하거나 재사용 · 재생이용할 수 있는 상태로 만들어 원재료 또는 부재로서 유효하게 이용하는 것을 말한다.
- 전도해체 : 벽, 기둥 등의 전도방향을 정해 주각부의 일부를 파괴하여 소정의 방향으로 전도시켜 해체하는 행위를 말한다.
- 지정폐기물 : 사업장폐기물 중 폐유 · 폐산 등 주변 환경을 오염시킬 수 있거나 의료폐기물 등 인체에 해로운 물질로서 대통령령으로 정하는 폐기물을 말한다.
- 처리 : 폐기물의 수집, 운반, 보관, 재활용, 처분을 말한다.
- 처분 : 폐기물의 소각, 중화, 파쇄, 고형화 등의 중간처분과 매립하거나 해역으로 배출하는 등의 최종처분을 말한다.
- 특별관리 산업폐기물 : 산업폐기물 중에서 폭발위험성, 독성, 감염성 그 외 사람의 건강 또는 생활환경과 관련된 피해유발 우려가 있는 것으로, 이에 관한 처리방법을 별도로 정한 것을 말함. 해체공사시 발생하는 주된 특별관리 산업폐기물로써는 폐석면 등이 있음.
- 파쇄해체 : 압쇄기 또는 브레커(breaker) 등에 의해 구체를 파쇄하여 해체하는 행위를 말한다.
- 해체공사 : 구조물의 전체 또는 일부를 철거하는 건설공사를 말하며, 리모델링 공사를 포함한다.
- 해체시공업자 : 「건설산업기본법」에 의한 비계공사업 면허를 받고 해체공사업을 하는 자를 말한다.
- 현장재활용 : 건설공사 현장에서 건설폐기물 처리시설을 설치하여 당해현장에서 재활용하는 것을 말한다.
- 혼합폐기물 : 2종류 이상의 건설폐기물이 혼합되어 배출되는 것을 말한다.
- HEPA 필터(고성능 필터) : 초고성능 미립자 필터(high efficiency particulate air filter)의 약칭으로 0.3 ㎛의 입자를 99.97% 이상 포집하는 필터를 말한다.
- PCB : 강한 독성이 있고 잘못 처리되면 발암물질인 다이옥신을 발생시키는 폴리염화비페닐(polychlorinated biphenyl)을 말한다.

제출물

이 시방의 제출물은 다음과 같다.

가. 건설폐기물의 분리배출 계획

나. 건설현장에서의 재활용 계획

다. 순환골재 품질인증서

라. 순환골재 품질시험 성적서

마. 순환골재 혼입률이 기재된 콘크리트의 강도 시험 성적서

바. 안전위생관리 계획서

환경관리 및 친환경시공

일반사항

가. 이 절은 환경에 관한 법규를 존중, 준수하고 건축물의 전과정(생애주기) 관점에서 해체공사 및 자원 재활용 단계에서 의도하는 환경관리 및 친환경시공의 목표가 달성되도록 자재, 시공 등의 사

양을 정한다.

나. 이 절은 해체공사 및 자원 재활용을 실시하는 경우에 적용하며, 이 절에서 기술된 이외의 사항은 이 시방서 01045(환경관리 및 친환경시공)에 따른다.

다. 건축법, 환경정책기본법, 산업안전보건법, 대기환경보전법, 소음 · 진동관리법, 석면 안전관리법, 폐기물관리법, 자원의 절약과 재활용촉진에 관한 법률, 건설폐기물의 재활용촉진에 관한 법률 및 건설환경관리 표준시방서 등의 관계법령에 따라 시공의 각 단계에서 소음, 진동, 분진, 악취, 수질오염, 대기오염 등의 영향이 발생되지 않도록, 주변환경의 보전에 노력한다.

1.7.2 자재 및 장비 선정

가. 해체공사 및 자원 재활용과 관련한 공사 시에는 한국산업표준에 적합하거나 우수재활용제품 인증마크(GR 마크)를 획득한 친환경 및 재활용 자재나 제품, 그리고 환경마크, 탄소마크, 환경성적표지 등 공인된 친환경 자재를 우선 사용한다.

나. 공사용 장비 및 각종 기계 · 기구는 에너지 효율 등급이 높고 배출 등에 의한 환경영향이 적은 것을 우선적으로 사용한다.

다. 공사용 용수는 사용량을 측정하여 환경관리계획에 포함될 수 있도록 하고, 공사의 품질에 영향을 미치지 않는 범위 내에서 우수 및 중수를 적극적으로 활용한다.

라. 공사에 따르는 소음, 진동 등의 억제에 도움이 되는 건설장비, 기계 · 기구를 우선적으로 이용하고 작업 장소 또는 작업시간을 충분히 고려하여 공사현장의 주변지역 환경 및 작업환경의 보전에 노력한다.

마. 해체공사에서 발생되는 해체잔재는 가능한 한 재사용 및 재활용이 가능하도록 하며, 폐기물로 처리되는 량이 최소화되도록 하여 폐기물 감량에 노력한다.

시공

가. 녹색기술인증, 친환경 신기술 등 공인된 친환경 공법의 사용을 고려한다.

나. 건축물 해체 시 가능한 한 사전 분별해체 및 분리선별을 철저히 실시하여 해체잔재의 재활용 촉진에 기여하도록 노력한다.

다. 건축구조물 해체 시 주변의 소음, 진동, 분진 등 공해에 대한 법규를 조사한 후, 이에 따라 적절한 조치를 하여야 하고, 착공 전 설명회를 통하여 인근 주민의 이해를 도모하도록 한다.

라. 해체공사에는 저공해형 공법 및 건설기계의 채택하며 방음덮개 및 차음박스 설치 등 동력원에 대한 소음방지대책을 수립하고, 방음하우스, 방음벽 등에 의한 차단효과를 이용하는 방법 및 해체하는 건축물 개구부에 방음패널을 설치하는 방법 등으로 건축물 내에서 발생하는 소음의 외부 전파를 최소화하도록 한다.

마. 강구를 이용하여 타격하는 경우 또는 브레이커 등을 이용하는 경우에는 해체 시의 진동이 전달되지 않도록 하여야 하고, 필요한 경우 구조물, 지반 등을 적절한 위치에 절연시켜 두어야 하며, 대형부재를 전도하는 경우에는 전도하는 면에 폐타이어 등의 쿠션재를 깔아두어 지반에 전파되는 충격진동을 저감하도록 한다.

바. 필요에 따라 부분적인 방진커버 혹은 설비 전체를 가리는 시설물을 설치하며, 분진의 비산을 방지하기 위하여 물뿌리기, 방진벽 설치 등 적절한 조치를 한다.

사. 해체공사에서 발생된 폐기물, 분진, 오수 및 배수 등이 공사장과 공사장 인근의 대기, 토양 및 수질을 오염시키지 않도록 적절히 계획하고 조치하여야 한다.

아. 반출, 폐기 및 소각되는 경우에는 이에 따른 처분 및 운송에 의한 환경영향을 최소화할 수 있도록 고려한다.

자. 건설사업 및 건설업의 이미지 향상을 위하여 작업환경 개선 및 작업현장 미화 등에 노력한다.

5.1.2 철거 계획 및 관리

1) 철거 작업 계획

철거 작업은 다음 사항에 유의하여 안전하고 경제적인 공사시행이 되도록 계획을 수립하여야 한다.

① 철거 대상 부위와 주변 입지조건 등을 사전조사하여 공법의 선정, 작업의 안전 확보, 주변 공해방지 등 공사계획을 수립하여 공사를 관리하여야 한다.

② 철거에 앞서 사전조사를 하여 관련 제반 법규에 따라 작업의 안전 확보, 주변 공해방지 등 건설 재해 예방을 하여야 한다.

③ 사전조사 결과에 따라 각종 인·허가 신청 및 승인절차를 확인하고 시행하여야 한다.

④ 철거작업에 앞서 구체적인 시행방법을 명시한 공사계획서를 작성하여야 한다.

⑤ 건축구조 관련 기술자에 의하여 철거공사 중의 구조안전이 검토되어야 하며, 철거할 때 구조안전을 위하여 임시 또는 영구보강이 필요한 경우에는 구조설계 도면 및 관련 시방서를 작성하고 이에 따라 공사를 시행하여야 한다.

2) 철거 작업의 관리

철거작업은 다음 사항에 유의하여 기존 건물의 손상을 최소화하고 안전시공이 되도록 관리하여야 한다.

① 철거작업은 공사 계획서에 따라 순차적으로 시행하여야 한다.

② 철거작업은 사전 공정계획에 따라 시행하며 인력·장비 등은 효율적으로 운용하여 작업의 진도, 작업능률이 최대가 되도록 하여야 한다.

③ 철거작업은 원칙적으로 상부에서 하부로, 수평 부재에서 수직 부재로, 2차 부재에서 주요부재로 작업을 진행하여야 한다.

④ 철거 작업 중 수시로 골조 및 주요부재의 안전도를 점검하고, 필요할 경우 건축구조 관련 기술자의 검토 및 지시에 따라 철거 순서, 공법, 가시설물을 변경하는 등 골조의 안정을 유지하여야 한다.

⑤ 철거 작업 중에 예상치 못한 구조적 거동이 보일 때에는 관련 철거 작업을 즉시 중단하고 건축물에 대한 조사 및 진단을 실시한 후 철거 계획을 다시 수립하여야 한다.

5.1.3 철거 공법

1) 공법 선정

철거작업을 수행할 때는 다음 조건을 고려하여 적절한 공법을 선정하여야 한다.

① 대상 구조물의 구조·규모, 주변 입지조건, 공법의 특성

② 철거 작업을 할 때 구조체의 안전도

③ 공사 작업자 및 관리감독자의 안전 확보

④ 소음·진동·분진 등 주변 환경 보전과 건설 공해 예방

2) 철거 공법의 종류

철거 작업을 할 때는 철거원리 및 사용기구에 따라 다음과 같은 공법을 택하여야 한다.

① 반복 충격에 의한 공법

② 유압식 압쇄·전단에 의한 공법

③ 기계적 연마에 의한 공법

④ 화염에 의한 절단 공법

⑤ 팽창 압력에 의한 공법

⑥ 기타 공법

3) 콘크리트 부재의 철거

콘크리트 부재의 철거 작업은 다음의 원칙에 의하여 실시한다.

① 보수가 필요한 콘크리트 열화 부위는 건전 부위 직전까지 철거하는 것으로 한다. 단, 구조적 결함을 발생시키지 않도록 소형 충격 및 진동 공법으로 철거하여야 하며 필요할 때는 가설 지지대를 설치하여 구조 안정성을 유지하여야 한다.

② 발코니 확장 및 철거의 경우 절단 및 압쇄 공법 등을 이용하여 모체 구조물의 충격 및 진동을 최소화해야 하며, 하층부로의 낙하물 방지 및 안전사고 등에 유의하여야 한다.

③ 기존 슬래브 및 벽체 내의 개구부 보수 및 신설을 위하여 철거할 경우 남겨져야 할 콘크리트와 분리하여 미세균열이 유발되지 않도록 충격과 진동을 최소화

하여야 한다.

④ 부재 신설 및 증설을 할 경우 부착될 계면의 레이턴스, 이물질, 기타 부착에 유해한 물질 등을 제거하고 거친면이 유지되도록 한다.

⑤ 미장 · 조적벽 · 무근콘크리트 등 비구조 2차 부재 철거시 구조 부재와의 연결 여부 및 상부 하중을 위한 지지 여부를 조사하여 필요시 가설 지지대 등을 설치한 후 모체 콘크리트에 충격 및 진동을 최소화하는 공법으로 철거하여야 한다.

⑥ 철골철근콘크리트 부재의 철거는 철골 부재의 절단이 필요한 부위의 구조부재와의 연결 또는 상부하중을 위한 지지 여부를 파악하여 필요시 가설지지대 등을 설치한 후 피복 콘크리트를 철거하고 철골 부재를 절단하여야 한다. 주변에 신설 예정 부재(콘크리트조, 철골조, 조적조 등)가 있을 경우 부재를 먼저 신설한 후 철거하여야 한다.

⑦ 남겨질 모체 콘크리트로의 충격 및 진동을 최소화하여야 하며 철거물의 과적재 등으로 인한 수평 부재의 변형 등도 고려하여 단위 부재 및 구조물 전체의 안정을 도모하여야 한다.

5.2 콘크리트 구조물의 재활용

미국, 일본 등 선진 각국에서는 건설폐기물의 재활용을 위한 다각적인 노력을 기울이고 있으며, 폐콘크리트 파쇄 등으로 얻어지는 재생골재를 매립 등의 단순한 처리로부터 도로공사용, 콘크리트용 골재 등 고부가가치재료로 활용하기 위한 고도활용 기술개발에 주력하고 있다. 그리고 그 노력의 결과로서 1990년대에 이르러 도로공사에는 물론 재생골재를 이용한 콘크리트의 현장활용이 점진적으로 이루어지고 있다. 그러나 국내에서는 최근까지도 건설폐기물이 원활히 재활용된다고 할 수 없으며, 이처럼 재활용이 효과적으로 이루어지지 못하는 것은 기술적 원인과 제도적 원인으로 분류할 수 있다.

5.2.1 건설 및 해체폐기물 적정처리를 위한 관련 법령 및 제도 현황

다량 발생하는 건설폐기물을 친환경적으로 적정처리하여 양질의 순환골재를 생산하고, 이를 적극적으로 재활용함으로써 환경보호뿐만 아니라 천연골재의 대체재로 사용해야 할 필요성과 시대적 여건변화에 따라 『건설폐기물의 재활용 촉진에 관한 법률』이 제정되었다.

그 동안에는 건설폐기물의 적정처리와 재활용 활성화를 위한 법체계가 『폐기물관리법』, 『건설기술관리법』, 『자원의 절약과 재활용 촉진에 관한 법률』, 『건축법』, 『건설폐재배출사업자의 재활용 지침』 등으로 다원화되었고, 담당부서도 환경부와 국토교통

표 5.1 **『건설폐기물의 재활용촉진에 관한 법률』의 체계도**

구 성	내 용
제 1 장 : 총 칙 (제1조~제7조)	목적 및 정의 다른 법률과의 관계 국가 및 지방자치단체 등의 의무 발주자, 배출자, 처리업자 등의 의무
제 2 장 : 건설폐기물의 재활용 시책 마련 (제8조~제11조)	재활용기본계획의 수립 연구개발 등의 지원 건설폐기물 정보관리체계 구축 및 이용 재활용 통계조사
제 3 장 : 건설폐기물의 친환경적인 처리 (제12조~제19조)	건설폐기물의 분류, 처리기준 등 건설폐기물 임시보관장소의 승인 건설폐기물처리업자의 용역이행능력 평가 및 공시 등 건설폐기물 처리용역의 발주 건설폐기물처리 용역의 위탁 · 수탁 계약 등 배출자 신고, 폐기물 간이인계서 작성 등
제 4 장 : 건설폐기물 처리업 등 (제20조~제34조)	건설폐기물처리업의 영업범위 건설폐기물 처리업의 허가 및 변경허가 등 건설폐기물 수집 · 운반 또는 처리의 재위탁 금지 건설폐기물처리시설의 설치승인 및 신고
제 5 장 : 순환골재의 품질기준 및 사용촉진 (제35조~제40조)	순환골재의 품질기준, 품질인증 등 순환골재의 사용 의무 재활용 실적관리 및 제출
제 6 장 : 방치폐기물처리 이행보증 등 제 7 장 : 공제조합 등의 설립	방치폐기물의 예방조치 등 공제조합, 협회의 설립 등
제 8 장 : 보칙 제 9 장 : 벌칙 (제57조~제66조)	청문, 건설폐기물처리업의 재정 지원 벌칙 및 과태료

부로 이원화되어 있어 체계적이고 효율적인 업무 추진이 어려운 실정이었다.

또한, 순환골재 용도나 재활용 촉진에 관련된 내용들이 대부분 고시나 지침 등에 규정되어 있어 순환골재의 품질기준을 강화하고, 사용 의무화를 위한 법적 근거가 미비한 상태였다. 따라서 건설폐기물의 감량 및 적정처리와 순환골재의 사용 촉진을 위해서는 기존의 다원화된 법률 및 관리시스템을 체계화시킬 필요가 있었다.

이러한 문제점을 해소하기 위하여 건설폐기물의 관리와 재활용 촉진을 위한 단일 법률 제정이 필요하게 되어 2003년 12월 31일 동 법률을 국회에서 제정하게 되었다.

다만, 건설폐기물에 국한한 관리는 다른 여러 가지 폐기물과의 상호 연계성으로 인하여 단일 법률화하기 매우 어려운 점이 있으므로 현재의 법률 체계가 진정한 의미의 단일 법률로 보기에는 미진한 점도 있다. 특히 법 운영의 편리성과 명확성 등을 고려하여 시행 초기의 문제점 등을 보완하여 더욱 발전되어 나아가야 할 것이다.

5.2.2 건설 및 해체폐기물의 재활용 현황 (발생현황, 처리현황, 재활용현황)

2014년도의 폐기물 발생량(지정 폐기물 제외)은 388천 톤/일이며, 전년도 380천 톤/일에 비하여 2.0% 증가하였으며, 구성비를 살펴보면 생활폐기물 12.9%, 사업장 배출시설계 폐기물 39.4%, 건설폐기물 47.7%이다.

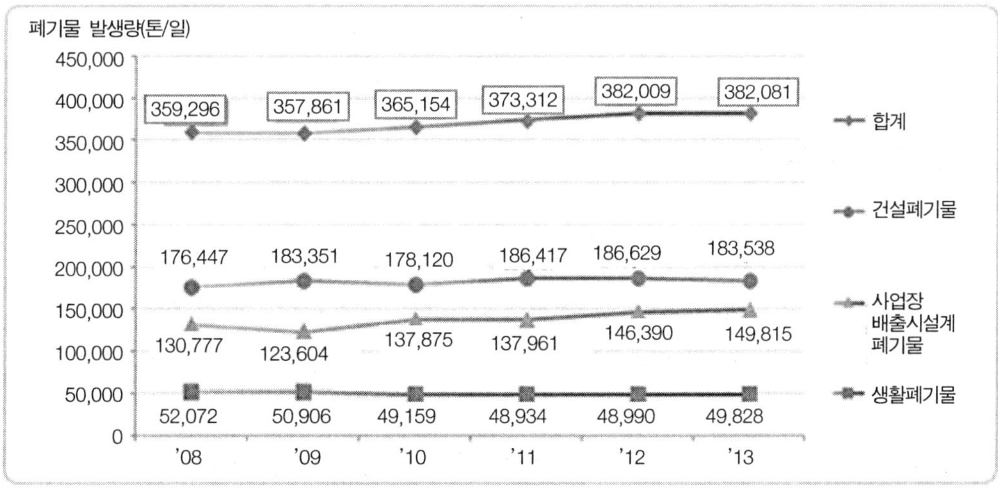

폐기물 발생량 변화 추이

그림 5.1 **폐기물 발생량 변화 추이**

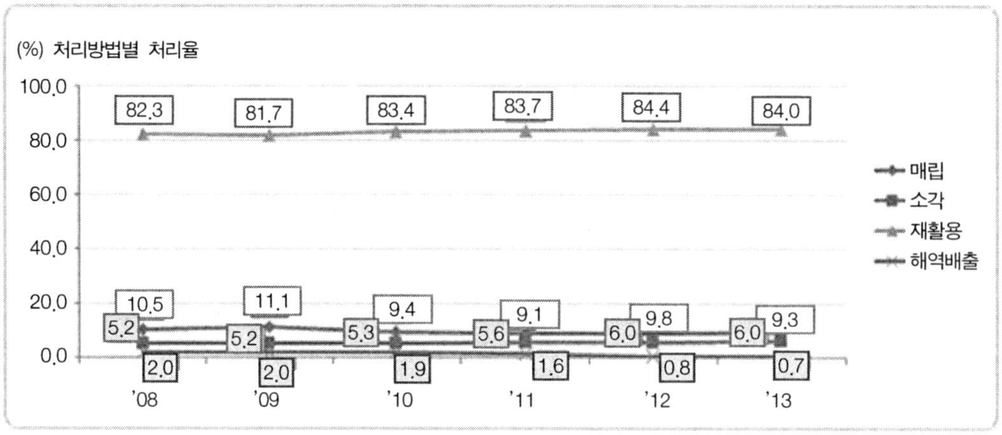

폐기물 처리방법의 연도별 변화 추이

그림 5.2 **연도별 건설폐기물 처리방법 변화 추이**

건설폐기물의 재활용과 관련하여 그림 5.1과 같은 처리별 통계를 추산하고 있으나 약간의 문제점이 있다. 즉 건설폐기물의 재활용은 그림 5.2와 같이 자원의 사이클이 순환되어야 하지만 건설현장에서는 실제로 정부의 통계와 상당한 차이가 있다.

건설폐기물 재활용률은 정부의 재활용 정책 중점 추진으로 2009년부터 증가하여 2013년 84.0%로 크게 상승하는 것으로 추산되고 있다. 그러나 건설폐기물의 재활용 용도는 성토 및 매립용이 90% 이상을 차지하고 있으며, 도로기층용이나 콘크리트용 골재 등과 같이 부가가치가 높은 부문에서의 재활용 실적은 매우 저조한 상황이다.

5.2.3 순환골재

현재 우리는 자원고갈과 환경오염의 위기 상황에 대비하기 위해 환경과 경제의 통합을 추구하는 제3차 산업혁명시대에 살고 있으며, 이에 따라 국가 정책의 기본 방향도 '저탄소 녹색성장'이 되었다. 자원순환 분야에서도 '기존의 폐기물 안전처리' 위주에서 '자원의 순환성 제고'라는 방향으로 그 중심이 전환되어 있으며, 특히 발생 폐기물 중 50% 이상을 차지하는 건설폐기물의 녹색자원화는 환경보존뿐만 아니라 갈수록 심각해져 가는 건설자원의 수급문제와 연계하여 생각할 수 있다.

정부는 녹색성장 5개년 계획에 따라 매년 GDP의 2%를 녹색성장에 투자하고 있으며,

특히 건설폐기물에서 생산한 순환골재 및 순환골재 재활용 제품 보급·확대나 고품질 순환골재 생산·사용 인프라 구축 등을 통해 산업의 녹색화 및 녹색산업 육성을 유도하고 있다. 환경부에서도 「건설폐기물의 재활용 촉진에 관한 법률」 시행 이후 건설폐기물을 녹색자원으로 재활용하기 위하여 '순환골재 품질기준 및 품질인증제도'와 '순환골재·순환골재 재활용 제품 의무사용 제도'를 도입하는 등 다양한 노력을 하고 있다.

그러나 현재 순환골재를 콘크리트용으로 생산하는 설비를 갖추고 인증을 받은 업체는 44개 업체(한국건설기술연구원, 12. 12. 5 기준)로 대체로 도로공사용 뒷채움용이나 보조기층 등 소극적으로 재활용을 하고 있는 것이 현실이다. 보다 고부가가치적이며 적극적인 순환골재의 활용을 위하여 콘크리트용 순환골재로의 활용이 권장되어야 하는 것이다.

현재 콘크리트용 순환굵은골재의 경우 천연골재와 거의 유사한 수준의 품질기준이 설정되어 있으며, 건설폐기물을 순환골재로 재활용할 경우 매립비용을 절감하고, 천연골재를 대체함으로써 경제적 편익 및 환경적 편익을 동시에 추구할 수 있다. 따라서 레미콘(Ready Mixed Concrete)의 주요자재인 골재를 자연산 골재와 순환골재를 시방배합하여 사용성과 경제성을 분석하는 연구가 필요하다. 다음의 표 5.2에서는 순환골재와 천연골재의 품질기준을 비교하였다.

재활용률이 가장 높은 유럽국가는 네덜란드로 68%의 건설폐기물이 재활용되고 있

표 5.2 **순환골재와 천연골재의 품질기준 비교 (국토교통부, 2012)**

구분	콘크리트용 굵은골재		콘크리트용 잔골재	
	순환골재	천연골재	순환골재	천연골재
절건밀도(g/cm³)	2.5 이상	2.5 이상	2.2 이상	2.5 이상
흡수율(%)	3.0 이하	3.0 이하	5.0 이하	3.0 이하
안정성(%)	12 이하	12 이하	10 이하	10 이하
마모율(%)	40 이하	40 이하	-	-
점토덩어리(%)	0.2 이하	0.25 이하	1.0 이하	1.0 이하
유기불순물(%)	1.0 이하	-	1.0 이하	-
0.08 mm체 통과량(%)	1.0 이하	1.0 이하	7.0 이하	3.0 이하
석탄 및 갈탄(%)	-	0.5 이하	-	0.5 이하
NaCl(%)	-	-	-	0.04 이하

※ 콘크리트용 골재의 0.08 mm체 통과량 및 석탄·갈탄 함유량은 콘크리트 표면을 기준

으며, 다음으로 스위스, 독일의 순이다. 덴마크에서는 이미 1929년부터 폐콘크리트나 폐아스팔트콘크리트를 활용한 도로포장에 관한 연구가 시작되어 현재는 순환골재 콘크리트를 실구조체에 적용하는 연구가 활발히 진행되고 있다. 영국에서는 건설폐기물 중 폐콘크리트가 50∼55%를 차지할 뿐만 아니라 폐벽돌이 30∼40%를 차지하며, 이들 대부분이 재생골재로 재활용된다. 천연골재의 고갈, 자원 및 에너지 절약의 중요성이 대두되면서 활발한 연구보고가 이루어지고 있고, 사용기준안(BS 1047, BS 6543)이 작성되어 실용화되었다. 또한 미국에서 폐콘크리트의 재활용에 관한 연구는 골재 운반비용 절감, 고형폐기물 배출·처리문제 해소 및 건설단가 저감 등이 가능하다는 관점에서 시작되어 콘크리트 포장도로에 활용하는 연구로 진행되고 있다. 미연방고속도로국은 순환골재를 신설 콘크리트 포장, 빈배합 콘크리트, 고속도로와 공항 등의 기초, 노견콘크리트, 다공질 입상충전재, 불안정한 기층, 아스팔트콘크리트 포장, 다공질 콘크리트 노견 등에 폭넓게 사용하고 있다. 실례로 플로리다주의 잭슨빌공항에서는 활주로 재건설시 기존 콘크리트 활주로를 철거하고 일부는 지반배수용 잡석, 일부는 콘크리트포장의 기층 콘크리트용 골재로 사용하였으며, 로스앤젤레스 지역의 노화된 콘크리트 및 아스팔트를 파쇄하여 새로운 도로의 빈배합 콘크리트에 적용한 결과 재생 빈배합 콘크리트의 28일 강도는 5.2 MPa로 성공적인 재활용 사례가 있다. 독일의 경우 1940년대부터 도로에 폐콘크리트를 재활용하여 사용하기 시작한 이래 1951년 폐벽돌을 이용한 기준을 설정하였으며, 1955년까지 약 11,500,000 m^3의 폐벽돌이 콘크리트 골재로 재활용되었고, 이에 따라 구 서독에서는 100여 개 이상의 소형 재생플랜트 및 10여 개의 대형 재생플랜트를 가동하고 있다. 일본의 경우 일본 (주)시미즈건설은 東京·地倉庫(株) 平和島倉庫 A桐의 재건축공사에서 동경전력과 공동으로 세계최초로 개발한 『콘크리트 자원순환 시스템』에 의하여 리사이클 콘크리트의 제조 및 타설을 2002년 9월에 실시하였다. 재건축 대상 구조물은 30년 이상 경과된 RC조 4층 건물로 연면적 68,800 m^2의 창고를 해체하여 약 5만 톤의 폐콘크리트를 100% 재활용하여 완전리사이클링을 실현하였다. 순환골재 콘크리트는 약 4만 톤의 제조량으로서 2002년 8월부터 9월에 걸쳐 RC조 6층 건물의 기초말뚝 및 구조체에 타설하였다.

1) 순환골재 생산 시스템

순환골재를 생산하기 위해서는 여러 가지 장비가 필요하다. 간략히 설명하자면 먼

그림 5.3 **순환골재 생산 과정**

저 반입되는 건축폐기물을 홉퍼에 투입하면 1차 조 크러셔를 거쳐 컨베이어벨트를 타고 이동하는 동안 자력선별기 및 인력선별 등을 통하여 철제 및 쓰레기 등을 선별하고 이후 송풍기와 수중폭기조 등을 통하여 부유물 및 미분을 제거한다. 2차 콘크러셔를 통하여 더 작은 입자로 분쇄하며, 이때 스크린을 통하여 입자가 큰 순환골재는 다시 리턴되며, 생산자가 원하는 크기가 될 때까지 다시 공정을 거치게 된다. 그림 5.3은 순환골재의 전반적인 생산 과정에 대해 나타내었다.

주요 장비를 소개하자면 다음과 같다.

2) 조 크러셔

조 크러셔는 대형의 원료(암석 등)를 분쇄하는 조쇄기이다. 구조는 마주 본 2개의 V형판으로 이루어져 있다. 2장의 판 중 한쪽은 수직으로 고정되어 있고, 다른 쪽 판은 편심회전축에 의하여 왕복운동을 하는 막대에 연결되어 있다. 원료는 마주 본 분쇄판 위에서 공급되고 분쇄판 사이에 압축력을 받아 분쇄된 제품은 밑으로 배출된다. 그림 5.4와 5.5는 조 크러셔의 모습을 나타냈다.

그림 5.4 **조 크러셔 사진**

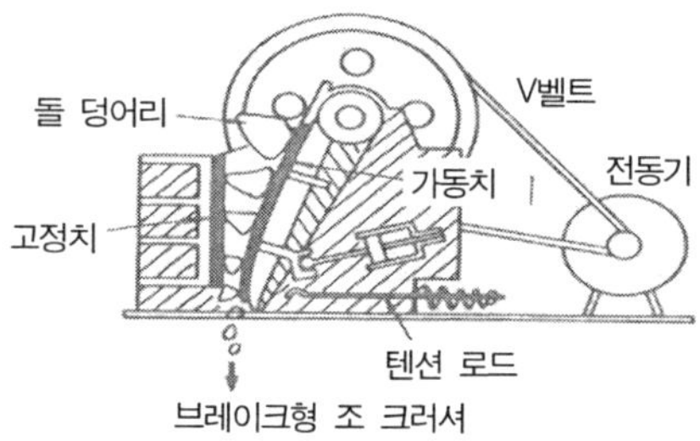

그림 5.5 **조 크러셔 개략도**

3) 콘 크러셔

콘 크러셔는 충격력과 압축력을 이용하여 분쇄하는 기계이다. 짧은 수직 모양의 중심축 위에 우산처럼 생긴 콘 맨틀 헤드를 달아서 이것의 편심운동으로 틀에 장치한 콘 케이브 볼에 돌이 물려서 아래로 내려가면서 파쇄된다. 배출구 간격 치수가 커서 규격품을 생산할 수 있고 일정한 크기의 잔골재를 대량 생산하기에 알맞다.

다음의 그림 5.6은 콘 크러셔의 모습을 나타내었다.

그림 5.6 **콘 크러셔 사진**

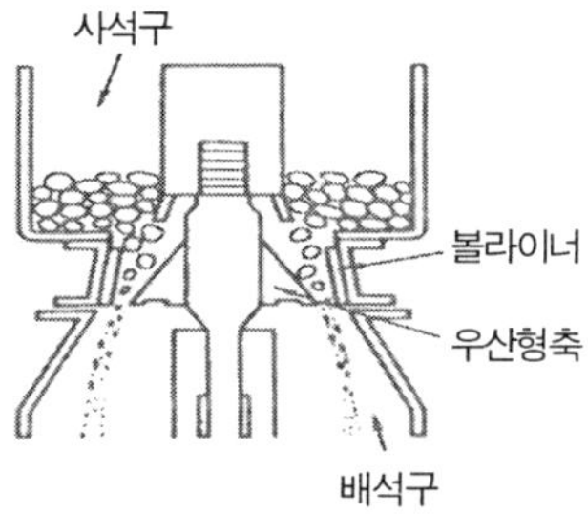

그림 5.7 **콘 크러셔 개략도**

4) 자력선별기

자력선별기는 광석선별 중 자력선별에 사용되는 기계를 말한다. 자석의 종류에 따라 전자석형과 영구자석형, 자석 자계의 차원에 따라 일차자석형과 2차 자석형, 자계의 속도에 따라 강자계형과 약자계형등 으로 나누어 진다. 컨베이어벨트를 타고 이동하는 중간에 함께 돌며 벨트 위의 철근 등을 선별하는데 쓰인다. 다음의 그림 5.8은 자력선별기이다.

그림 5.8 **자력선별기**

5) 문제점

순환골재의 품질은 순환골재 생산설비에 투입된 폐콘크리트의 성상과 생산설비의 용도 및 조합에 따라 크게 달라진다. 일반적으로 1차 조 크러셔를 거친 후 자력선별기, 인력선별 등 다양한 과정을 거치는데, 특히 폐콘크리트의 표면에 붙어 있는 시멘트 페이스트 품질에 큰 영향을 미치게 된다. 또한 여러 종류의 분쇄기를 거치면서 골재의 입도, 입형 등의 변화가 커지고 골재의 밀도, 흡수율 등에 있어 품질의 차이가 생긴다. 현재의 기술로는 25 mm 이하의 골재, 즉 13 mm 굵은골재나 잔골재 등에서 비교적 일반 콘크리트용 골재에 상응하는 제품이 생산 가능하다.

5.3 순환자원을 이용한 콘크리트

다양한 재료를 사용한 재활용 콘크리트는 거의 불가능한 것처럼 보인다. 하지만 일부 재료들은 콘크리트에 새로운 성능을 가져다준다.

- 타이어를 잘게 부순 물질로부터 생산된 돌이나 골재 등은 충격방지 도로포장재료로 사용된다.
- 코코넛 껍질, 사이잘, 신문지, 톱밥과 같은 유기물질로부터 나온 폐기물들은 건축물의 벽을 연마하는 데 사용되기도 한다.
- 분쇄된 유리조각은 장식 콘크리트로 사용된다.
- 재활용된 폐기물들은 자기충전 콘크리트의 성능을 증가시킨다.
- 폐기물 재활용 공정은 경량골재를 만든다.

5.3.1 폐고무를 이용한 순환골재 콘크리트

잘게 부순 고무를 이용한 콘크리트에 대한 연구는 많은 국가에서 시도되고 있다. 이러한 이유는 세계 각국에서 폐타이어 발생이 점차 증가하고 있고 이러한 폐타이어가 재활용되지 않기 때문이다. 유럽의 연구에 따르면 잘게 부순 폐고무는 세 가지 크기의 잔골재로 사용된다 : 0～0.5 mm, 0～1 mm, 0～3 mm. 1 m^3 콘크리트에 451 kg의 시멘트, 0～8 mm 부순골재 380 kg, 11～16 mm 크기의 부순골재 569 kg, 잔골재와 유동화제를 821 kg, 물 158 kg 재료로 실험하였다. 잘게 부순 폐고무는 22.8 kg이 사용되었다. 다음은 실험결과를 나타낸 것이다.

- 잔골재로서 폐고무를 사용할 경우에는 슬럼프를 줄여주고, 굵은골재로 폐고무를 사용할 경우에는 슬럼프를 증가시켜준다.
- 잔골재로서 폐기물을 사용하는 경우에는 공기율을 높여주지만, 굵은골재로 폐고무를 사용할 경우에는 공기율에 대한 변화가 없다.
- 폐고무를 골재로 사용할 경우 콘크리트 강도는 낮아지지만 이는 일반적으로 중간 크기의 폐고무를 사용하는 경우에 대해서이다.
- 폐고무 골재의 크기는 마모저항성에 크게 영향을 미치지 않는다.

• 폐고무 골재를 사용한 콘크리트는 동결융해에 대한 저항성이 높다.

이 실험은 폐고무의 크기는 가루형태에서부터 30 mm 크기까지로 사용하였다. 잔골재 대체율로서는 10 %에서 40 %까지 실험하였다. 잔골재 대체율이 적어질수록 더 좋은 효과를 나타내었다. 하지만 탄성계수를 줄일 수 있다는 점과 인성과 충격저항성을 증가시키고, 동결저항성과 내구성을 증가시킨다는 점에서 매우 흥미로운 재료라고 할 수 있다.

5.3.2 모래로부터의 골재 생산

2007년 영국의 Lupo 연구에서 모래로부터 골재를 생산한 연구를 진행하였다. 이러한 연구는 전 세계적으로 많이 진행되었는데, 빌딩 블록, 저강도 포틀랜드 시멘트를 사용한 블록 같은 곳에 사용할 수 있다고 결론내렸다. Lupo의 연구에서 모래로부터 나온 잔골재를 73 μ보다 작은 크기의 입자를 사용하였다. 건조사와 젖은미사를 57 : 23 비율로 사용하였고, 포틀랜드 시멘트와 폴리비닐 알코올을 사용하였다. 실험결과 생산된 모르타르는 뒷채움용 콘크리트나 저강도 콘크리트를 사용하는 곳에 쓰일 것이라 판단되었다.

5.3.3 사탕수수 골재

2011년 뉴질랜드에서 진행된 콘크리트학회에서 태국의 연구자가 사탕수수로 만든 경량골재로 사용하였을 때 긍정적인 실험결과가 나왔다고 발표했다.

5.3.4 재활용 플라스틱(PET) 사용 골재

이탈리아의 한 연구자는 2003년 밀란에서 진행된 콘크리트학회에서 재활용 플라스틱 병에서 추출한 골재를 사용한 콘크리트에 대한 흥미로운 실험결과를 발표하였다. 이러한 재활용 병은 새로운 병으로 만들 수 없어서 재활용 병을 처리하는데 큰 어려움이 있다. 하지만 이러한 재료는 경량이며, 견고하며, 저비용이며, 워커빌리티가 좋다. 압축된 병에서 추출한 10∼20 mm 크기와 철근의 조각을 사용한 실험 결과 긍정적인 결과를 얻어냈다.

또 다른 실험결과에서는 자연골재, 순환골재, 재활용 플라스틱, 폐블록을 등을 사용하여 실험하였다.

- 크게 두 가지 실험을 하였는데, 첫 번째 경우는 시멘트 : 재활용 플라스틱 = 1 : 2, w/c = 0.71, 두 번째 경우는 시멘트 : 재활용 플라스틱 = 1 : 3, w/c = 0.55를 사용하였다. 재활용 플라스틱의 부피 밀도는 460 kg/m^{3}이다. w/c는 재활용 플라스틱의 분산도에 따라 고려하였다. 90% 이상의 재활용 플라스틱은 1∼8 mm 크기로 분포한다. 28일 재령 압축강도는 2.80과 5.87 MPa로 관찰되었다.

제6장 콘크리트의 $LCCO_2$ 평가 및 CO_2 저감 기술

6.1 서론

우리나라 정부는 저탄소 녹색성장을 국가비전으로 설정하고, 이를 위해 온실가스 배출량을 2020년에 기준 전망(BAU : Business As Usual) 대비 30 %의 탄소 배출량 감축 목표를 세우고 있으며, 이를 달성하기 위하여 범정부적으로 정확한 탄소 배출량 평가기술과 함께 탄소 배출량 저감기술 개발의 필요성이 대두되고 있다. 특히 일본의 경우 건설산업에서 전체 산업의 약 42.4 %의 이산화탄소가 발생하고 있으며, 이 중 건축 분야에서는 건축공사할 때 9.5 %, 건축물 운영할 때 23.2 % 등 총 32.7 %가 발생하고, 토목 분야에서는 주로 토목공사에서 9.7 %의 탄소를 배출하고 있다. 따라서 2020년에 BAU 대비 30 %의 CO_2를 감축하기 위해서는 건설산업에서 CO_2 저감을 위한 배출량 평가기술과 저감기술 개발이 절실히 요청되고 있으며, 토목구조물은 건축구조물과 달리 사용 단계의 탄소 배출량이 거의 없고, 주로 시공 및 해체단계에서 탄소가 발생하는 점, 대규모 시공, 장수명 등의 특징이 있어 CO_2 배출량 평가에 있어서 건축 및 토목구조물의 특성을 고려하는 것이 중요하다.

한편, 건설산업에서 발생하는 이산화탄소를 최소화하기 위해 자재, 운송, 시공, 운영, 해체까지 포함하는 시설물의 전과정(life cycle)에서 life cycle CO_2($LCCO_2$) 평가기법

개발이 매우 중요하다.

국내의 이산화탄소 배출량 평가 프로그램은 주로 구조물 사용 단계에서 에너지 성능지표(EPI)를 이용한 이산화탄소 배출량 산출에 초점을 맞추고 있으나 $LCCO_2$ 평가를 위해서는 자재, 운송, 시공, 해체 등의 건설 단계별 CO_2 배출량 평가와 함께 구조물의 유형별, 공종별 평가방안이 동시에 수립되어야 한다. 특히, 시멘트산업에서는 시멘트 제조 특성상 전 세계 CO_2의 약 5~7%가 발생하고 있기 때문에 CO_2를 줄여나가면서도 지속가능한 개발을 할 수 있는 시스템 구축이 절실히 요청되고 있으며, 콘크리트 제조뿐만 아니라 시공, 사용(사용년수 동안의 CO_2 흡수량 고려 필요), 해체까지의 명확한 콘크리트 $LCCO_2$를 평가하는 것이 매우 중요하다. 또한 평가결과를 근거로 콘크리트의 $LCCO_2$를 줄이는 기술적 연구는 국가 전체의 CO_2 저감에 매우 큰 역할을 할 것으로 판단된다.

6.2 콘크리트의 $LCCO_2$ 평가 방법

콘크리트의 $LCCO_2$를 평가하기 위해서는 콘크리트 사용 재료에서 발생되는 CO_2, 레미콘 제조 및 운반에서 발생하는 CO_2 발생 총량에서 콘크리트가 해체되기 전까지 흡수한 CO_2를 뺀 값으로 평가한다. 단, 레미콘의 현장 타설, 구조물의 사용, 유지관리 및 보수보강, 해체 과정 역시 모두 CO_2를 발생시키지만, 이 과정에서 발생하는 CO_2를 정확히 평가하는 것은 아직 기술적으로 문제가 있으므로 이 과정은 제외한다. 향후 $LCCO_2$ 기술의 발전과 더불어 더욱 정밀한 평가가 가능해질 것이다.

6.2.1 시멘트 제조에서의 CO_2 발생량

시멘트를 제조할 때 CO_2 발생은 원료 및 연료로 분류할 수 있으며, 원료에 의해 발생하는 CO_2는 석회석 탈탄산량에서 계산할 수 있다. 또한 연료로부터 발생하는 CO_2는 화석 연료와 폐기물 계통으로 구분하여 구할 수 있다. 한편, 폐기물 계통의 CO_2는 폐기물을 시멘트 제조 에너지 대체로서 이용하는 것으로 발생하는 것이고, 다른 시설에서 소각에 의해 처분된 경우에도 CO_2는 발생하기 때문에 소각불요에 따른 삭감으로서 같은 값을 부여한다. 또한 소각불요에 의한 삭감에는 다른 시설에서 소각할 때 배기가스 처리나 잔분의 매립처분 등에 따른 환경부하도 생각할 수 있지만 구체적인 값은 명확하지 않으므로 이들 계산은 하지 않는다. 또한 구입전력의 환경부하 물질에 대해서는 합계에 포함하지 않는다.

6.2.2 레미콘 제조 및 운반에서의 CO_2 발생량

일반적으로 레미콘은 KS F 4009에 기초하여 제조설비를 가진 공장에서 믹싱을 하고 애지테이터 트럭으로 공사현장에 운반한다. 레미콘 공장에서는 저장설비에서 배치플랜트로 재료 공급, 계량, 믹싱 등 주로 전력을 에너지원으로 하여 레미콘이 제조된다. 또한 레미콘 운반이나 원재료 하차, 남은 콘크리트 처리 등에는 주로 경유를 에너지원으로 하는 운반 및 작업기계가 사용된다. 레미콘 제조 및 운반 공정이 환경부하에 미치는 영향을 파악하기 위해서는 사용 재료와 함께 이들 에너지원의 소비량을 적절히 평가해야 한다.

1) 레미콘 제조과정의 CO_2 발생량

레미콘을 제조할 때 환경부하에 대하여 구입전력 원단위를 사용하여 계산한 결과를 표 6.1에 나타냈다. 이들 결과는 레미콘 공장 전체의 소비전력을 고려하지 않고 레미콘 제조할 때만의 소비전력을 이용한다.

표 6.1 **레미콘 제조과정의 에너지 및 환경부하 물질 배출량 계산(예)**

공장	전력(kWh/t)		CO_2 배출량(kg-CO_2/t)	
	계산	일본토목학회	계산	일본토목학회
A	1.91	0.64	0.78	0.26
B	0.96		0.39	
C	2.16		0.87	

2) 레미콘 운반과정의 CO_2 발생량

레미콘을 운반할 때의 환경부하에 대하여 콘크리트 적재량을 A공장 평균 4.5 m^2, C공장 평균 2.2 m^2로 하고 운반시간을 평균 20분으로 하여 계산한 결과를 표 6.2에 나타내었다.

표 6.2 **레미콘 운반과정의 에너지 및 환경부하 물질 배출량 계산(예)**

공장	자사 차량 운반량(m^3)	자사 차량 경유량(l)	경유 사용량(l/h)		CO_2 배출량($kg-CO_2/h$)	
			계산	일본토목학회	계산	일본토목학회
A	96,418	165,383	11.6	0.282	32.7	33.8
C	10,123	44,500	14.5		40.9	25.7

3) 레미콘 CO_2 발생 평가 사례

레미콘 사용 재료의 환경부하 물질 배출량은 사용 재료 및 배합을 사용하여 산출하는 것이 가능하며, 물-시멘트비 및 단위시멘트 양의 평균값을 활용하여 표 6.3과 같이 산출할 수 있다.

표 6.3 **레미콘 사용 재료의 환경부하 물질 CO_2 배출량 계산(예)**

계산 예	물-시멘트비 60 % 단위시멘트 양 300 kg/m^3(보통 포틀랜드 시멘트) 단위수량 170 kg/m^3 잔골재 850 kg/m^3 굵은골재 1,000 kg/m^3 AE감수제(사용량 : 시멘트 질량의 0.25 %)
300 kg×0.7466(kg-CO_2/kg)+850 kg×0.0037(kg-CO_2/kg)+1,000 kg×0.0028(kg-CO_2/kg)+(300 kg ×0.01)×0.25(kg-CO_2/kg)=223.98+3.15+2.80+0.75=230.68(kg-CO_2/concrete 1m^2)	

또한 콘크리트 1 m^3 생산에 따른 이산화탄소 배출량은 콘크리트 배합에 사용되는 각 구성재료를 생산할 때 배출되는 표 6.4의 CO_2 원단위와 표 6.5의 1 m^3 콘크리트 생산에 사용되는 배합표를 각각 설명할 수 있다.

표 6.4 콘크리트 사용재료의 CO_2 원단위(예)

	물	시멘트	플라이애시	잔골재	굵은골재	AE 감수제
kg-CO_2/kg	–	0.7466	0.6197	0.0037	0.0028	0.25

표 6.5 강도별 콘크리트 배합 및 이산화탄소 발생량

MPa	W/C (%)	W	C	F/A	S	G	AE 감수제	1 m^3당 CO_2 배출량 (kg-CO_2/kg)
24	49	174	304	45	848	944	2.09	261
27	46	175	328	49	934	934	2.64	281
30	43	178	348	61	797	935	3.07	303
35	39	179	394	69	759	926	3.7	342

6.3 콘크리트 탄산화에 의한 CO_2 흡수량 평가

6.3.1 콘크리트 탄산화 메커니즘

1 톤의 시멘트는 1.2 톤의 석회석과 0.3 톤의 점토(주성분은 AL_2O_3)를 소성하여 만들어진다. 이 경우 석회석은 1,450 ℃의 고온과 45 %(중량비)의 이산화탄소를 방출하고 산화물인 CaO로 되며 소성에 의하여 점토의 구성 성분과 결합하고, 이것들은 물과 반응하여 다음과 같은 시멘트 수화물을 생성한다.

① 규산화칼슘 수산물 : $xCaO \cdot ySiO_2 \cdot zH_2O$ (C-S-H, 수화생성물의 60 % 이상 용적을 점함)

② 수산화칼슘 : $Ca(OH)_2$ (수화생성물의 25 %를 점함)

③ 에트린자이트 : $3CaO \cdot Al_2O_3 \cdot 3CaSO_4 \cdot 32H_2O$ (콘크리트 중 황산이온 고정, 복염을 형성함)

④ 프리델씨염 : $3CaO \cdot Al_2O_3 \cdot CaCl_2 \cdot 10H_2O$ (콘크리트 중 염화물이온 고정, 복염을 형성함)

표 6.6 **콘크리트의 CO_2 배출 양 평가 예 (f_{ck} = 40 MPa)**

기능단위 (FU) : m^3	재료			운송			
	A	B	C=A · B	D	E	F	G=A · E · F
단위 / 구성재료	kg/FU	CO_2-kg/kg	CO_2-kg/FU	출구위치	km	CO_2-kg/kg · km	CO_2-kg/FU
보통포틀랜드 시멘트	361	9.31E-01	336.09	담양	277	5.92E-07	0.059
고로슬래그	68	3.40E-02	2.31	광양	339	5.92E-07	0.0136
플라이애시	23	3.49E-03	0.08	하동	322	5.92E-07	0.004
모래	805	8.08E-04	0.65	인천	47	3.62E-06	0.137
굵은골재	918	4.27E-03	3.92	광주 (경기)	37.6	3.62E-06	0.125
물	163	1.12E-04	0.02	Sum			**0.339**
Sum			**343.07**				
콘크리트 생산 (레미콘 공장 위치 : 방배동)	1 m^3	0.71 CO_2-kg/FU	**0.71**	-			
Total = 344.1 CO_2-kg/FU(= 343.07 + 0.71 + 0.339)							

이들 시멘트 수화물은 공기 중의 이산화탄소(약산성으로 중량의 0.035% 정도임)와 반응하여 다음과 같이 탄산칼슘($CaCO_3$) 및 기타 물질로 분해한다. 이러한 현상을 탄산화라 하며 탄산화 과정은 식 (6.1)~식 (6.44)와 같다. 탄산화를 통한 이산화탄소량을 산출하기 위해서는 탄산화 가능한 물질인 CSH, $Ca(OH)_2$, C_3S, C_2S를 정량적으로 산출해야 한다.

$$Ca(OH)_2 : Ca^{2+}(aq) + CO_2(g) \rightarrow CaCO_3(s) + H_2O \quad (6.1)$$

$$CSH : (3CaO \cdot 2SiO_2 \cdot 3H_2O) + 3CO_2 \rightarrow (3CaO \cdot 2SiO_2 \cdot 3H_2O) \quad (6.2)$$

$$C_3S : (3CaO \cdot SiO_2) + 3CO_2 + vH_2O \rightarrow (SiO_2 \cdot vH_2O + 3CaCO_3) \quad (6.3)$$

$$C_2S : (3CaO \cdot SiO_2) + 2CO_2 + vH_2O \rightarrow (SiO_2 \cdot vH_2O + 2CaCO_3) \quad (6.4)$$

이 예제에서 콘크리트 배합에 대한 데이터 품질로서 시간적 경계는 2012년이며, 지역적 경계는 서울 중심의 한국이다. 콘크리트 배합에 대한 기술적 경계는 표준기(3~5월, 9~11월)이다. 레미콘 공장은 서울 방배동에 위치하는 것으로 가정하였으며, 각 구성재료들의 출구는 가능한 먼 거리로 가정하였다. 표 6.6에는 콘크리트의 원료채취부터 생산단계까지 CO_2 배출 양을 산정하기 위한 절차를 요약하였다. 표에서 A열은 콘크리트 배합에 관련된 정보로서 각 재료의 단위용적질량이며, B열은 각 재료의 LCI에서 제공하는 CO_2 원단위이며, D열은 각 재료의 생산지이며, E열은 각 재료의 생산지 출구부터 레미콘 공장까지 거리이며, F열은 각 재료의 운송수단의 CO_2 원단위이다. 운송수단으로서 시멘트계 재료는 벌크 시멘트 트레일러로, 골재는 15 톤 트럭으로 가정하였다. 표 6.6에서 콘크리트 생산을 위한 콘크리트 구성재료들의 생산에 의한 CO_2 배출 양은 A열과 B열의 곱으로 산정되며, 그 재료들의 운반에 의한 CO_2 배출 양은 A열, E열 및 F열의 곱으로 산정된다. 레미콘 공장에서 콘크리트 생산단계에서 배출하는 CO_2 양은 C열의 아래에 별도로 나타내었다. 표의 A열에 나타낸 콘크리트 배합표는 설계압축강도 40 MPa에 대해 R사에서 실무적으로 이용하는 것이다. 즉 콘크리트 설계압축강도 40 MPa 생산을 위하여 각 구성재료에 의한 CO_2 배출 양 산정은 다음과 같다.

- 보통포틀랜드 시멘트(OPC) : 361 kg/m^3 × 0.931 CO_2-kg/kg = 336.09 CO_2-kg/m^3
- 고로슬래그 : 68 kg/m^3 × 0.034 CO_2-kg/kg = 2.31 CO_2-kg/m^3
- 플라이애시 : 23 kg/m^3 × 0.00349 CO_2-kg/kg = 0.08 CO_2-kg/m^3
- 모래 : 805 kg/m^3 × 2.1 CO_2-kg/m^3 × (1/2600 kg/m^3) = 0.65 CO_2-kg/m^3
- 굵은골재 : 918 kg/m^3 × 11.1 CO_2-kg/kg × (1/2600 kg/m^3) = 3.92 CO_2-kg/m^3
- 물(상수도) : 163 kg/m^3 × 0.000112 CO_2-kg/kg = 0.02 CO_2-kg/m^3
- OPC 운반 : 361 kg/m^3 × 277 km × 5.92 × 10^{-7} CO_2-kg/kg · km = 0.059 CO_2-kg/m^3
- 고로슬래그 운반 : 68 kg/m3 × 339 km × 5.92 × 10^{-7} CO_2-kg/kg · km = 0.0136 CO_2-kg/m^3
- 플라이애시 운반 : 23 kg/m^3 × 322 km × 5.92 × 10^{-7} CO_2-kg/kg · km = 0.0044 CO_2-kg/m^3
- 모래 운반 : 805 kg/m^3 × 47 km × 3.62 × 10^{-6} CO_2-kg/kg · km = 0.137 CO_2-kg/m^3
- 굵은골재 운반 : 918 kg/m^3 × 37.6 km × 3.62 × 10^{-6} CO_2-kg/kg · km = 0.125 CO_2-kg/m^3

콘크리트 생산단계에서 CO_2 배출 양은 국내의 레미콘 공장에 대한 자료조사에서 콘크리트 1 m^{3}를 생산하기 위해 소비되는 에너지원에 의해 환산된 CO_2 원단위는 약 0.71 CO_2-kg/m^{3}로 평가된다. 압축강도 40 MPa인 콘크리트 1 m^3 생산에서 CO_2 배출 양은 재료단계에서 343.07 CO_2-kg/m^{3}이며, 그 재료들의 운반에 의한 양은 0.339 CO_2-kg/m^{3}이고,

공장에서 계량 및 배합 등에 의한 생산단계에서 양은 0.71 CO_2-kg/m^3이다. 이들 값의 합인 총 배출 양은 344.11 CO_2-kg/m^3로 평가된다. 이들 값은 콘크리트 배합설계와 운송 거리 등에 따라 다소 변화될 수 있지만, 일반적으로 콘크리트 생산에 의한 CO_2 배출 양의 약 90% 이상이 시멘트에 기인하고 있다(본 예제의 경우 97.6%).

6.4 콘크리트 $LCCO_2$ 저감기술

6.4.1 $LCCO_2$ 저감 시멘트 및 콘크리트 기술

전 세계 CO_2 배출량의 약 5~7%가 시멘트 제조 공정에 기인하므로 시멘트산업에서 CO_2 배출을 저감하기 위한 노력은 매우 중요하며 필수불가결하다고 판단된다. CO_2 저감에 있어서 시멘트를 소재로 하는 콘크리트 제조 및 해체까지를 고려한 $LCCO_2$ 평가 및 기술개발이 중요하다. $LCCO_2$ 저감 시멘트 및 콘크리트 사례로는 표 6.7에 나타낸 바와 같이 완전 리사이클 콘크리트, 에코 시멘트, 재생 시멘트, 시멘트 제로 콘크리트, 저온 소성 시멘트, 혼합 시멘트, 폐기물 활용 시멘트 등의 기술이 개발되어 현장에서 활용되고 있다.

표 6.7 **$LCCO_2$ 저감 시멘트 및 콘크리트 기술 사례**

종류	CO_2 저감 개념
완전 리사이클 콘크리트	시멘트 및 시멘트 원료로 되는 물질만이 콘크리트의 결합재, 혼합재 및 골재로서 사용되어 경화 후 다시 전량이 시멘트 원료 및 순환 골재로서 사용 가능한 콘크리트
재생 시멘트	미분쇄한 폐콘크리트를 200 ℃로 예비 가열하고 700 ℃ 본 가열을 거쳐, 여기에 이수석고를 혼입하여 재생 시멘트를 제조
시멘트 제로 콘크리트	플라이애시, 고로슬래그와 같은 혼화재료를 100% 사용하고 알칼리 활성화제에 의해 반응시켜 5~40 ℃ 상온에서 3~7일만에 20~80 MPa 제조 및 콘크리트 제조 후 1 시간까지 유동성 확보
저온소성 시멘트	천연점토와 전기화학공업의 부산물로서 과잉 생산되고 있는 가성소다에 의한 새로운 시멘트 제안, 이 시멘트는 점토를 400~500 ℃의 가소로 비정질로 한 후, 가성소다와 반응시키는 것으로 CO_2 발생은 극미량이며, 12 시간 양생의 PC가 15 MPa인 것과 비교하여 25 MPa로 강도가 높으며 산이나 염에도 강함

6.4.2 LCCO$_2$ 저장 및 흡수 시멘트 및 콘크리트 기술

시멘트 및 콘크리트는 CO_2를 대량으로 발생시키지만 다른 한편으로는 CO_2를 흡수하거나 대량으로 저장할 수 있는 장점도 있다. CO_2 저감이나 흡수·저장 측면에서 최근에 각광받고 있는 기술 사례를 표 6.8에 나타냈다. 기존의 콘크리트는 탄산화반응에 의해 CO_2를 흡수하나 시간이 지남에 따라 그 흡수효율이 떨어지는 문제점이 있다. 따라서 나무나 식물성 플랑크톤처럼 CO_2를 영양분으로 하고 O_2를 방출하는 광합성 콘크리트 또는 박테리아 콘크리트 개발이 주목을 받고 있다. 또한 CO_2 negative 콘크리트 등 완전히 새로운 개념의 혁신적 기술이 제안되고 있으며, 특히 최근에는 시멘트 공장의 CO_2를 바닷물 속으로 통과시켜 Mg^+나 Ca^+와 반응시켜 $MgCO_3$나 $CaCO_3$를 석출시켜 다시 시멘트 원료나 산업부산물로 사용하는 창조적 혁신기술 등이 주목을 끌고 있다. 이러한 기술은 시멘트 산업의 CO_2 문제를 해결하는 혁신적 기술이며, 더 나아가 전 세계의 CO_2 문제를 해결할 수 있는 잠재성이 있는 것으로 판단된다.

표 6.8 **CO_2 저장·흡수 시멘트 및 콘크리트 사례**

종류	CO_2 흡수·저장 개념
박테리아 콘크리트	나무 및 식물성 플랑크톤과 같이 CO_2를 흡수하고 O_2를 방출하는 광합성 박테리아를 이용하여 시멘트계 재료에 사용함으로써 박테리아가 살아 있는 동안 영원히 CO_2 흡수와 O_2 방출을 순환
Carbon Negative 시멘트	소성열이 적은 산화마그네슘 사용, 제조시 0.4 ton CO_2 발생, 콘크리트 제조 후 0.6 ton CO_2 흡수
CO_2 저장 시멘트	공장에서 배출되는 이산화탄소를 바닷물에 녹아 있는 마그네슘과 칼슘과 화학적 반응을 일으켜 시멘트를 만들어내는 방식
CO_2 흡수 양생 콘크리트	CO_2 Accelerated Concrete Curing 방법으로 프리캐스트 콘크리트에 적용, 벽돌 등 2차 제품에 사용 가능

제 7 장 환경영향평가

7.1 전과정평가

국내의 CO_2 배출량 평가는 주로 구조물 사용단계에서 에너지 성능지표를 이용한 산출에 근거를 두고 있다. 하지만 환경경영 또는 환경영향 평가는 구조물의 설계, 생산, 시공, 사용 및 최종단계에 이르는 전과정 또는 각 단계에서의 긍정적 또는 부정적 요소들의 산출을 요구하고 있다. 이 절에서는 콘크리트 및 콘크리트 구조물에서 전과정 CO_2 평가 방법에 대해 기술하였다. 구조물 시공단계에서 거푸집과 관련된 활동은 전과정에 포함하지 않았다.

7.1.1 전과정 단계

콘크리트 및 콘크리트 구조물의 전과정은 그림 7.1과 같이 재료단계, 운송단계, 콘크리트 생산단계, 시공단계, 사용단계 및 최종단계로 구분될 수 있다.

- 재료단계 : 콘크리트를 구성하는 재료들을 생산할 때 배출하는 CO_2 양을 포함한다.
- 운송단계 : 각 구성재료의 출구에서부터 레미콘 공장까지 운송수단에 의해 배출되

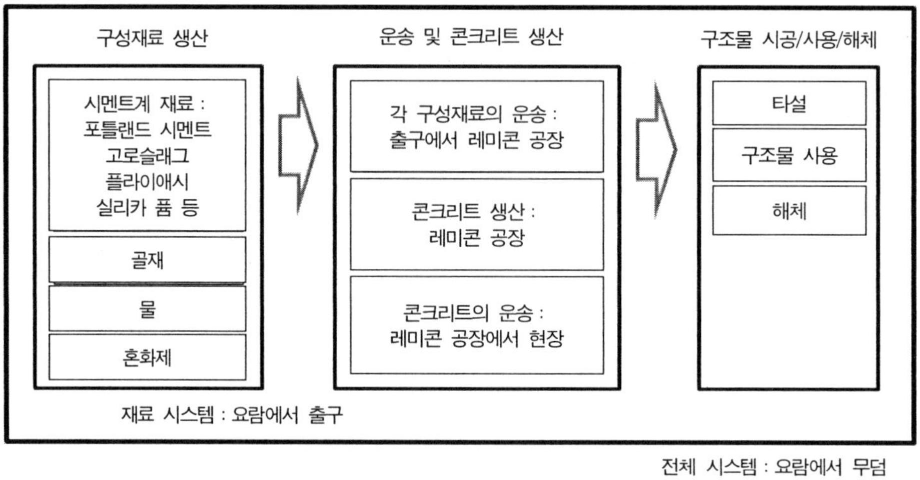

그림 7.1 **콘크리트 및 콘크리트 구조물의 전과정 단계**

는 CO_2 양과 레미콘 공장부터 현장까지 레미콘 트럭에 의해 배출되는 CO_2 양을 포함한다.

- 콘크리트 생산단계 : 레미콘 공장 또는 현장에서 각 구성재료의 계량과 및 배합할 때 배출되는 CO_2 양을 포함한다.
- 시공단계 : 현장에서 콘크리트 타설을 위해 사용되는 펌프카 및 진동기로부터 배출되는 CO_2 양을 포함한다.
- 사용단계 : 콘크리트 구조물을 사용할 때 콘크리트에서 직접적으로 배출되는 CO_2 양은 무시된다. 반면, 사용단계에서 콘크리트 탄산화에 의한 CO_2 포집 양은 고려될 수도 있다.
- 최종단계 : 콘크리트 구조물의 해체하고 및 폐기할 때 이용되는 장비들에서 배출되는 CO_2 양을 포함한다.

7.1.2 시스템 경계

콘크리트 또는 콘크리트 구조물의 전과정 CO_2 평가를 수행함에 있어서 그 시스템 경계가 명확히 정의되어야 한다. 시스템 경계 선언은 평가를 위해 고려되는 범위를 정의하는 것이다. 목록 데이터(inventory data) 취득이 어렵거나 비용제약이 있을 경우

임의의 공정은 시스템 경계에서 제외될 수 있는데, 이때 제외되는 범위는 명확히 제시되어야 한다. 예를 들어 콘크리트 생산, 시공, 해체 및 재활용을 위해 필요한 장비 또는 기계들의 생산과 관련된 CO_2 배출 양은 이들 장비의 지속적인 사용으로 인해 콘크리트 구조물의 전과정 CO_2 평가를 위한 시스템 경계에 포함하지 않는다. ISO/FDIS 13315-23-1)는 콘크리트 및 콘크리트 구조물의 전과정 CO_2 평가를 위한 시스템 경계로서 다음의 활동들을 고려할 것을 요구하고 있다.

- 콘크리트 구성재료(시멘트, 물, 골재, 혼화재 및 혼화제)의 생산
- 보강재(철근)의 생산
- 콘크리트 구조물의 시공
- 콘크리트 구조물의 사용과 해체
- 콘크리트 부재의 재사용 및 폐콘크리트의 재활용과 폐기 등

ISO/FDIS 13315-23-1)에서 제시하는 각 공정별 시스템 경계를 요약하면 다음과 같다.

① 콘크리트 생산과 관련된 시스템 경계 (그림 7.2)

- 구성재료들의 운송 및 저장
- 콘크리트 생산을 위해 필요한 연료의 운송
- 콘크리트 생산과 관련된 모든 공정
- 콘크리트 생산에서 발생되는 폐기물들의 공장처리 및 매립지 또는 중간처리장까지 운송

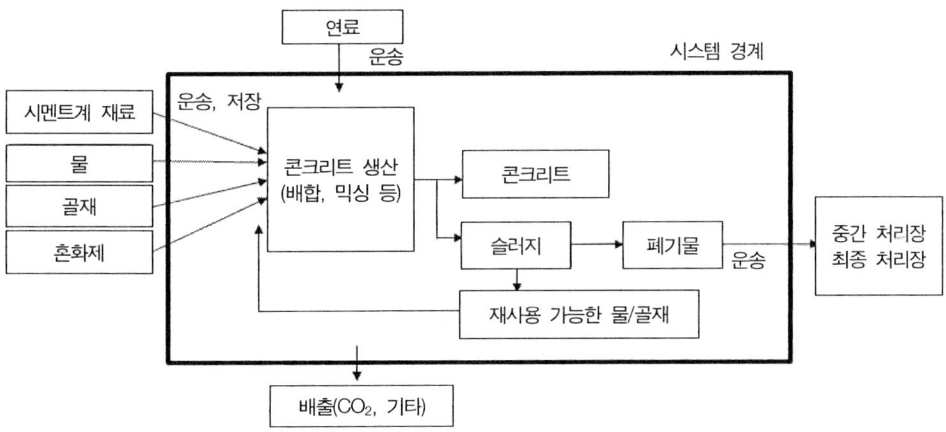

그림 7.2 **콘크리트 생산의 시스템 경계**

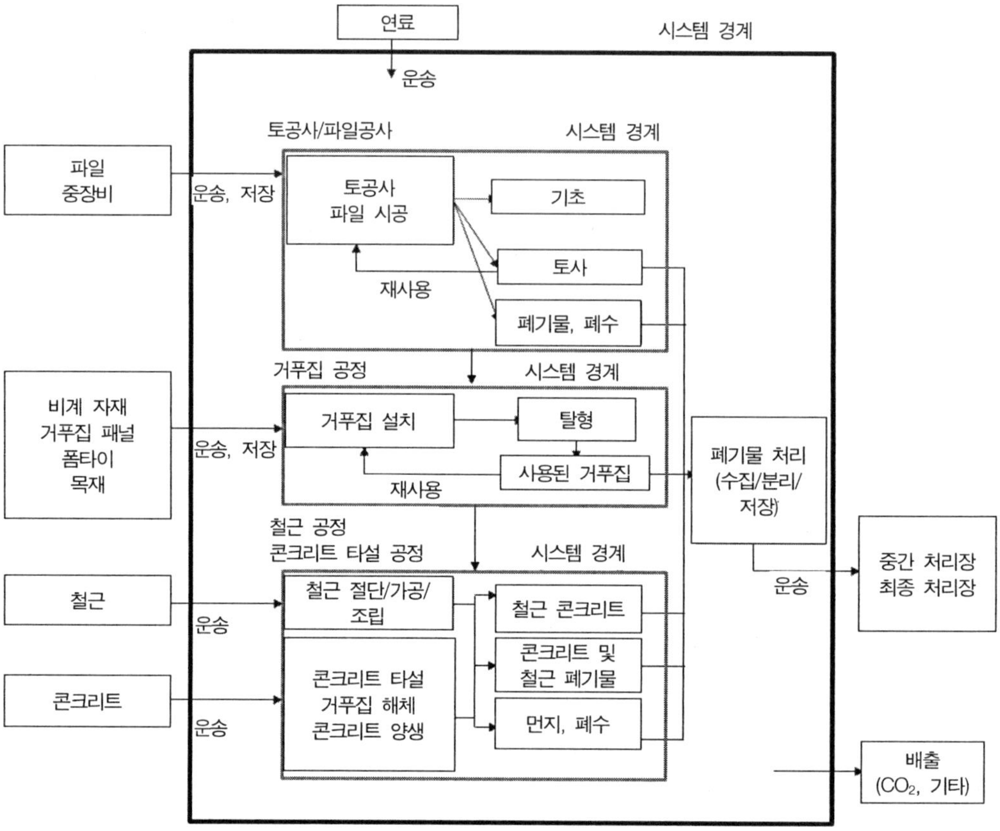

그림 7.3 **콘크리트 구조물의 시공단계에서 시스템 경계**

② 콘크리트 구조물의 시공단계에서 고려되는 시스템 경계 (그림 7.3)

- 토공사 및 파일공사
- 거푸집 공정
- 철근 공정
- 콘크리트 타설 공정
- 폐기물 처리

③ 콘크리트 구조물의 사용단계에서 고려되는 시스템 경계 (그림 7.4)

- 구조물의 사용
- 구조물의 유지관리와 보수(개선) 활동

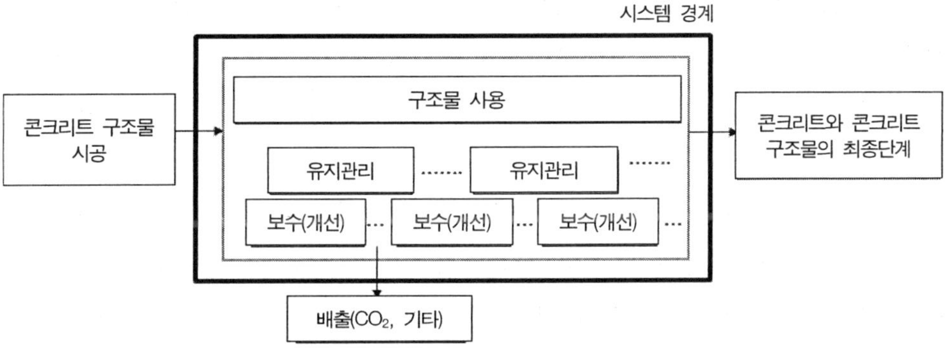

그림 7.4 **콘크리트 구조물의 사용단계에서 시스템 경계**

④ 콘크리트 및 콘크리트 구조물의 최종단계에서 고려되는 시스템 경계 (그림 7.5)

- 해체
- 중간처리
- 최종처리 및 폐기

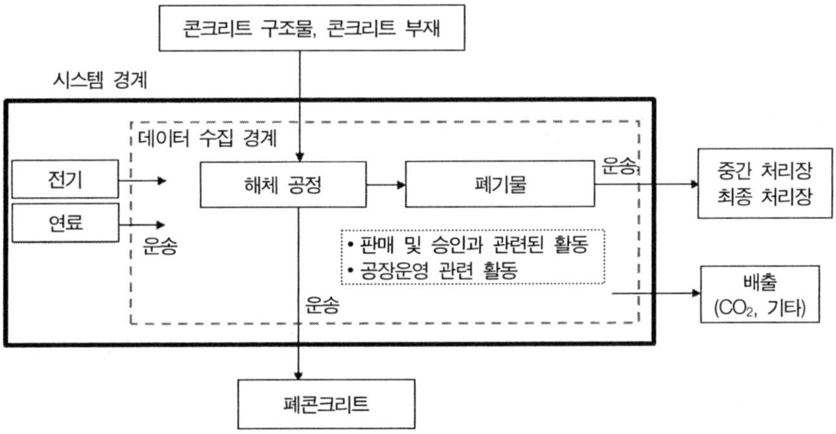

그림 7.5 **콘크리트 구조물의 최종단계에서 시스템 경계**

7.1.3 LCI 데이터 베이스

콘크리트 또는 콘크리트 구조물의 전과정 평가를 수행하기 위한 전과정 목록(life cycle inventory, LCI) 데이터는 콘크리트 구성재료들의 생산, 콘크리트 생산, 콘크리트 구조물의 시공, 사용 및 종료단계에서 수반되는 각 활동들에서 필요한 입력요소와 배출요소들을 포함해야 한다. 콘크리트 구성재료 및 운송, 생산 및 최종 활동에서 수집된 목록 데이터는 기온, 에너지원 및 천연자원의 차이에 따라 각 나라에 따라 상이하므로 자국에서 제공되는 데이터를 이용하는 것이 바람직하다. 우리나라에서 제공되고 있는 콘크리트 구성재료 및 운반단계에서의 LCI 데이터 베이스를 표 7.1에 요약하여 나타냈다. 콘크리트 구성재료들 중 시멘트계 재료와 철근의 기능단위는 kg인 반면, 골재의 기능단위는 m^3로 제시되고 있다. 운송수단은 적재하중과 운송거리에 따라 CO_2 배출 양이 달라지므로 그 기능단위는 kg · km이다.

7.1.4 CO_2 산정 방법

그림 7.1에 나타낸 시스템 경계에서 콘크리트 구조물의 전과정 CO_2 배출 양(C_{total})은 각 단계에서 산정한 값들의 개별적 산법에 의해 다음과 같이 산정된다.

$$C_{total} = C_M + C_T + C_P + C_C + C_S + C_D + C_B + C_R + C_{RE} \tag{7.1}$$

표 7.1 **콘크리트 전과정 CO_2 평가에 사용된 목록 데이터**

Item		CO_2 inventory	Reference
콘크리트 구성재료	1종 포틀랜드 시멘트	9.31E-01 kg/kg	국가 LCI DB
	고로슬래그 미분말	3.40E-02 kg/kg	탄소연구단 LCI DB
	고로슬래그 시멘트	2.05E-01 kg/kg	국가 LCI DB
	정제 플라이애시	3.49E-03 kg/kg	탄소연구단 LCI DB
	바다모래	2.10E+00 kg/m^3	국토부 LCI DB
	부순자갈	1.11E+01 kg/m^3	국토부 LCI DB
	물(수도권 공업용수)	1.12E-04 kg/kg	국가 LCI DB
	철근	8.52E-02 kg/kg	국가 LCI DB
운송수단	8 ton 이상 12 ton 미만 트럭	3.62E-06 kg/km · kg	국가 LCI DB
	12 ton 이상 트럭	1.14E-06 kg/km · kg	국가 LCI DB
	1 ton 이상 3 ton 미만 트럭	4.19E-06 kg/km · kg	국가 LCI DB
	1 ton 미만 트럭	7.36E-06 kg/km · kg	국가 LCI DB
	벌크 시멘트 트레일러	5.92E-07 kg/km · kg	국가 LCI DB

여기서 C_M, C_T, C_P, C_C, C_S, C_D, C_B 및 C_R는 각각 콘크리트 구성재료, 운송, 콘크리트 생산, 타설, 구조물 사용, 해체, 폐콘크리트의 파쇄 및 재활용 단계의 CO_2 양이다. 철근에 의한 CO_2 배출 양(C_{RE})은 재료생산 공정의 배출과 생산된 철근을 공장부터 현장까지 운반할 때 배출되는 것으로 고려한다.

1) 재료단계

재료단계에서의 시스템 경계는 원료 채취부터 가공, 제조 후 출품되는 출구(gate)까지이다. 따라서 콘크리트 각 구성 요소(시멘트계 재료, 골재, 물 및 혼화제)에 의한 CO_2 배출 양(C_M)은 다음 식으로 산정한다.

$$C_M = \sum_{i=1}^{n} (W_i \times CO_{2(i)LCI}) \tag{7.2}$$

여기서 i는 콘크리트 생산을 위해 이용된 각 재료이며, n는 이들 재료의 수이며, W_i와 $CO_{2(i)LCI}$는 각각 재료 i의 단위용적질량(kg/m^3)과 CO_2 배출 원단위(CO_2-kg/kg)이다.

철근에 의한 CO_2 배출 양(C_{RE})은 다음 식으로 산정한다.

$$C_{RE} = (W_{RE} \times CO_{2(RE)LCI}) \tag{7.3}$$

여기서 W_{RE}와 $CO_{2(RE)LCI}$는 각각 콘크리트 기능단위(m^3)당 사용되는 철근의 중량(kg/m^3)과 철근의 CO_2 배출 원단위(CO_2-kg/kg)이다.

2) 운송단계

운송단계의 CO_2 배출 양은 각 재료별, 그리고 각 공정별에 따라 산정되어야 하므로 그 시스템 경계는 다음과 같다.

- 콘크리트 구성재료 및 철근 : 각 재료의 공장 출구부터 레미콘 공장까지
- 생산된 콘크리트 : 레미콘 공장 출구부터 현장까지
- 최종단계에서 폐콘크리트 : 현장부터 중간처리장까지

따라서 운송단계의 CO_2 배출 양(C_T)은 다음 식에 의해 산정된다.

$$C_T = \sum_{i=1}^{n} \left(W_i \times D_i \times \mathrm{CO}_{2(i)LCI_{TR}} \right) + D_B \times \mathrm{CO}_{2LCI_{TR-con}} \\ + W_{RE} \times D_{RE} \times \mathrm{CO}_{2(RE)LCI_{TR}} + W_D \times D_D \times \mathrm{CO}_{2LCI_{TR}} \quad (7.4)$$

여기서 D_i는 콘크리트 구성재료 i의 출구부터 레미콘 공장까지의 운반거리(km)이며, $\mathrm{CO}_{2(i)LCI_{TR}}$은 재료 i 운송수단의 CO_2 원단위(CO_2-kg/km · kg)이며, D_B는 레미콘 공장에서 구조물 현장까지 운반거리(km)이다. $\mathrm{CO}_{2LCI_{TR-con}}$은 레미콘 차량의 CO_2 원단위 (CO_2-kg/km · m^3)이며, D_{RE}는 철근의 출하공장부터 현장까지 운반거리(km)이다. $\mathrm{CO}_{2(RE)LCI_{TR}}$은 철근 운송수단의 CO_2 원단위(CO_2-kg/km · kg)이며, W_D는 해체한 폐콘크리트의 무게이다(kg/m^3), D_D는 건축물 현장에서 폐콘크리트 파쇄공장까지의 거리(km)이며, $\mathrm{CO}_{2LCI_{TR}}$은 폐콘크리트 운반 차량의 CO_2 원단위(CO_2-kg/km · m^3)이다.

7.1.5 선택적 고려사항 (CO_2 흡수)

최근에 관심을 끌고 있는 콘크리트의 CO_2 포집 양에 대한 평가는 탄산화 모델 및 적용단계 선정에 따라 많은 차이가 있다. 아직 콘크리트 탄산화에 의한 CO_2 포집 양을 합리적으로 평가하기 위한 절차 정립은 미흡하다. 더욱이 국내의 환경을 고려하여 구조물의 사용단계와 재활용단계에서 CO_2 포집 양의 평가에 대한 사례 연구 자료도 매우 미미하다. 이 절에서는 Yang 등이 제시한 모델을 기반으로 콘크리트 탄산화 및 그에 따른 CO_2 포집 양의 평가 절차를 소개한다.

재령 t(일)에서 탄산화에 의한 콘크리트 CO_2 포집 양(U_{co2})은 다음과 같이 나타낼 수 있다.

$$U_{co2}(t) = a_{co2}(t) \cdot A_{sf} \cdot x_c(t) \ \ \mathrm{(g)} \quad (7.5)$$

여기서 $a_{co2}(t)$는 재령 t에서 탄산화에 의해 흡수 가능한 CO_2 양(g/cm^3)이며, A_{sf}는 CO_2에 노출된 콘크리트 부재의 표면적(cm^2)이며, $x_c(t)$는 재령 t에서 탄산화 깊이(cm)이다.

1) 흡수 가능한 CO_2 양

시멘트 페이스트의 수화도 및 수화생성물 중에서 탄산화 가능 요소의 몰농도에 따라 결정되는 $a_{co2}(t)$는 다음 식에 의해 산정될 수 있다.

$$a_{co2}(t) = \alpha_h(t) \cdot M_{ct}(t) \cdot M_{co2} \times 10^{-6} \ \ (\text{g/cm}^3) \tag{7.6}$$

여기서 $\alpha_h(t)$는 재령 t에서 시멘트 페이스트의 수화도이며, $M_{ct}(t)$는 재령 t에서 콘크리트 단위체적당 페이스트의 탄산화 가능요소의 몰농도(mol/cm³)이고, $M_{co2}(=44$ g/mol)는 CO_2의 몰 질량이다. 재령 1년 후 $M_{ct}(t)$는 거의 변화가 없으므로 장기재령에서 $M_{ct}(t)$는 다음과 같이 단위시멘트 양(C)의 함수로 단순화하여 일반화할 수 있다(그림 7.6).

$$M_{ct}(t) = 8.06C \ \ (\times 10^{-6} \text{ mol/cm}^3) \tag{7.7}$$

보통강도 콘크리트에서 일반적인 분말도를 갖는 시멘트는 재령 100년 후에도 완전히 수화되지 않는다. 이를 고려하여 시멘트 페이스트의 수화도 ($\alpha_h(t)$)는 다음과 같이 물-시멘트비(W/C)의 함수로 나타낼 수 있다.

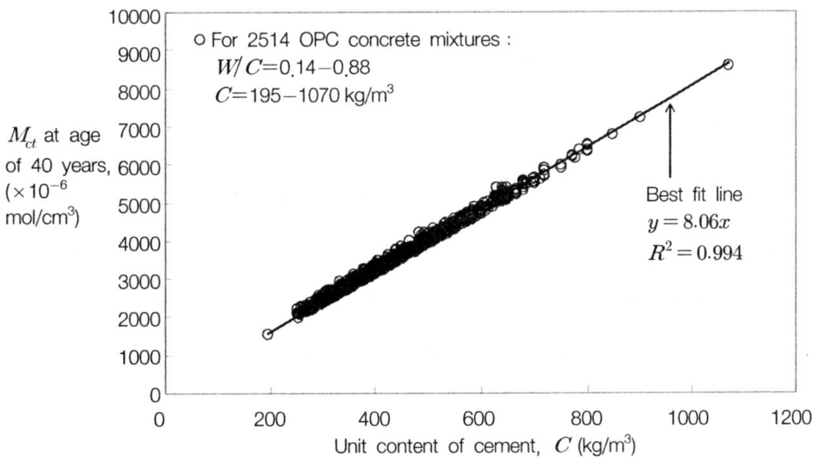

그림 7.6 **탄산화 가능요소의 몰농도와 단위시멘트 양의 관계**

$$\alpha_h(t) = \frac{t}{2.0+t}\alpha_\infty \quad (7.8a)$$

$$\alpha_\infty = \frac{1.031\,W/C}{0.194+W/C} \quad (7.8b)$$

2) 탄산화 깊이 및 CO_2 확산계수

콘크리트의 탄산화 깊이 $x_c(t)$는 탄산화속도와 시간의 함수로서 다음과 같이 일반화된다.

$$x_c(t) = \sqrt{\frac{2D_{co2}(t)}{a_{co2}(t)} \cdot C_{co2} \cdot t} \quad (7.9)$$

여기서 $D_{co2}(t)$는 재령 t에서 CO_2 확산계수(cm^2/day)이며, C_{co2}는 콘크리트 면에서 CO_2 질량농도(g/cm^3)이다. CO_2의 부피농도(ppm)는 이상기체이론을 이용하여 질량농도로 환산된다.

콘크리트에서 CO_2 확산속도는 재료특성(물-시멘트비, 시멘트 수화도, 공극 크기 분포와 포화도)뿐만 아니라 콘크리트의 노출조건(상대습도, 온도, 콘크리트 표면 마감상태)에 의해서도 영향을 받는다. 이를 고려하면 $D_{co2}(t)$를 다음 식으로 산정된다.

$$D_{co2}(t) = 136.6\beta_s\beta_f\beta_h(a/C)[\varepsilon_p(t)]^2 \quad (7.10)$$

여기서 β_s는 혼화재 치환에 대한 보정계수(표 7.2)이며, β_f는 마감재에 대한 보정계수(표 7.3)이며, $\beta_h[=(1-RH/100)^{0.6}]$는 상대습도에 대한 보정계수이며, RH는 상대습도(%)이며, a/C는 골재-시멘트 질량비이며, $\varepsilon_p(t)$는 재령 t에서 시멘트 페이스트의 공극률이다. 시멘트 페이스트의 공극은 수화도와 탄산화의 진행으로 인해 재령 증가와 함께 감소하지만, 재령 100일 이후에 감소기울기는 거의 0에 가깝다. 따라서 $\varepsilon_p(t)$는 다음 식에 의해 산정된다.

$$\varepsilon_p(t) = \frac{0.1+2.62(W/C)^{4.2}}{1.5t \cdot (W/C)^2}t \quad (7.11)$$

3) 재활용단계에서 파쇄된 콘크리트의 표면적

파쇄된 콘크리에서 탄산화가 진행될 수 있는 표면적은 파쇄 전에 비해 매우 증가한다(그림 7.7). 따라서 콘크리트 탄산화에 의한 CO_2 포집 양은 콘크리트 구조물의 사용단계에서보다 재활용 단계에서 훨씬 크다. 콘크리트 부재의 파쇄 후 재활용단계에서 탄산화 가능 표면적(A_{sf-re})은 다음 식에 의해 산정될 수 있다.

$$A_{sf-re} = \frac{\pi \cdot H \cdot L \cdot (D-2x_c)}{d_a} \tag{7.12}$$

여기서 H, L 및 D는 각각 파쇄 전 콘크리트 부재의 높이, 길이 및 깊이이며, d_a는 콘크리트 덩어리를 완전 구형으로 가정하였을 때 평균 입도의 직경이다. 재활용단계에서 탄산화는 개별 콘크리트 덩어리의 페이스트에서만 발생한다. 파쇄된 콘크리트는 덩어리 형태로 성토 및 뒷채움재 분야에서, 그리고 순환골재 형태로 새 콘크리트 제조를 위한 분야에서 재활용된다. 따라서 각 재활용 분야에서 최대 탄산화 깊이는 다음과 같이 제한된다.

$$x_c(t) \le \frac{d_a - d_{agg}}{2} \ : \text{폐콘크리트} \tag{7.13a}$$

$$x_c(t) \le t_p \ : \text{순환골재} \tag{7.13b}$$

여기서 d_{agg}는 원 콘크리트 생산을 위해 사용된 천연골재의 평균직경이며, t_p는 순환골재에서 탄산화 가능한 페이스트의 평균 두께이다. 순환골재에 부착된 페이스트의 두께는 기하학적 풀이로부터 다음과 같이 근사적으로 산정된다.

$$t_p = \sqrt[3]{\frac{\rho_a}{\rho_c}\left(\frac{d_a}{2}\right)^3 \cdot p_w + \left(\frac{d_a}{2}\right)} - \frac{d_a}{2} \tag{7.14}$$

여기서 ρ_a와 ρ_c는 각각 골재와 시멘트의 밀도이며, p_w는 시멘트 페이스트와 골재의 비이다.

표 7.2 **혼화재 치환에 대한 보정계수 (β_s)**

Type	혼화재 치환율 (%)					
	0–10	10–20	20–30	30–40	40–50	60–80
플라이애시	1.05	1.05	1.10	1.10	–	–
고로슬래그	1.05	1.10	1.15	1.20	1.25	1.30
실리카퓸	1.05	1.10	–	–	–	–

표 7.3 **콘크리트 표면의 마감재에 대한 보정계수(β_f)**

마감조건	실내환경							실외환경			
	No finishing	Plaster	Mortar + plaster	Mortar	Mortar + paint	Tile	Paint	No finishing	Mortar	Paint	Tile
보정계수	1.0	0.79	0.41	0.29	0.15	0.21	0.57	1.0	0.28	0.8	0.7

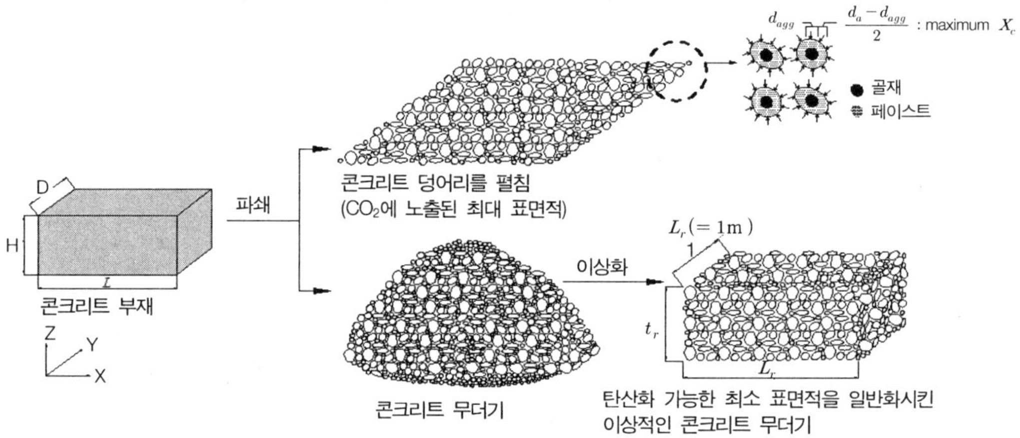

그림 7.7 **폐콘크리트의 탄산화 가능 표면적**

4) 지하에서 CO_2 확산계수 및 농도

일반적으로 땅속에서 CO_2의 확산계수는 대기중에 비해 평균 65 % 수준으로 평가된다. 한편, 땅속에서 CO_2 농도는 유기물질들의 부패로 인해 지표면에서 그 깊이가 증가할수록 증가한다. 한국에서 측정된 땅속의 CO_2 농도는 그 깊이가 50 mm, 100 mm, 200 mm에서 지표면 대비 각각 9 %, 18 %, 27 % 증가하였다. 따라서 구조물의 사용 중 흙과 접하는 부재의 표면 및 땅속으로 재활용되는 콘크리트 덩어리들의 표면에서 탄산화 깊이의 산정을 위해서는 감소된 CO_2 확산계수와 증가된 CO_2 농도를 고려해야만 한다.

5) CO_2 포집 평가 절차

앞에서 설명한 콘크리트의 탄산화에 의한 CO_2 포집 평가절차를 그림 7.8에 요약하였다. 콘크리트의 탄산화에 의한 CO_2 포집 양은 구조물의 사용단계와 재활용 단계에서 산정된다. 구조물의 사용단계에서는 외기에 노출된 콘크리트 표면적을 산정해야 하며, 구조물의 철거 후 재활용단계에서는 각 재활용 분야에서는 콘크리트 덩어리 또는 순환골재의 표면적을 산정해야 한다.

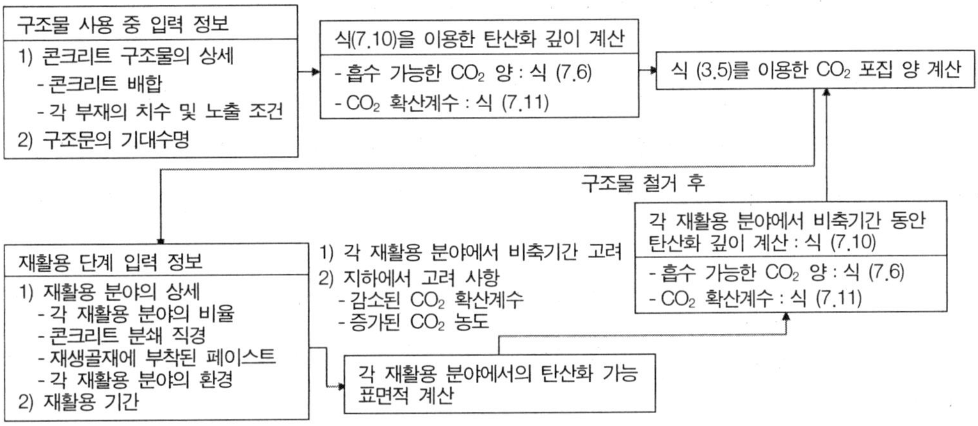

그림 7.8 **콘크리트 탄산화에 의한 CO_2 포집 양 평가 절차**

7.2 환경적 영향 평가의 도구

7.2.1 일반

환경 영향 평가를 위한 다양한 도구는 지난 15년 동안 개발되어왔다[fib (2004)]. 대부분은 표준 ISO 14040 시리즈 [ISO 14040(1997), ISO 14041(1998), ISO 14042(2000), ISO 14043(2000)]에 있어서 LCA 방법론의 기본 원리에 기반된 방법을 사용하고 있다. 평가 방법 사이에 주요 차이점은 평과과정의 목표와 범위에 대한 설명과 대응하는 해결 시스템 모델의 정의 및 인식 수준이 있다. 구조물의 환경적 평가에 요점을 두는 몇 가지 모델(예, BEES, ENVEST, EcoQuantum)은 사용되는 구조물 부재와 물질에 기초로 하고 있다. 산업 공정 평가의 몇 가지 방법(예, GEMIS, SimaPro) ; 구조적 구성 요소와 건물의 일반적인 지속 가능성 측면에 대한 몇 가지 방법이고, 최근에 생긴 SBTool(GBTool의 형태), BREEAM, LEED, CASBEE 등은 평가도구로 대표적이다. 이러한 평가도구들은 LCA 방법에 직접적으로 기초하지는 않지만 환경적 영향에 간주되어 건설재료를 평가할 때는 LCA의 데이터를 상용한다.

7.2.2 환경 수준과 건설제품에 대한 개선

환경 수준과 개선은 생산과 서비스에 관련된 대응 조치와 환경적 측면을 나타내는 유형이다. 표준 ISO 14020 시리즈 '환경 수준과 개선'[ISO 14020(2000), ISO 14021(1999), ISO 14024(1999), ISO/TR 14025(1999)]은 환경 수준 및 개선에 대한 일반 원칙으로 설정되어졌다

- Type Ⅰ : 환경 수준(ISO 14021)은 세 부분으로 설정된 기준으로 기반한다. 원칙적으로 기준은 다양한 환경 측면과 영향에 관련이 있고 생산물의 전 순환과정을 고려한다.
- Type Ⅱ : 환경 요구(ISO 14024)는 제조업체나 유통업체에 의해 기반한다.
- Type Ⅲ : 환경 개선(ISO/TR 14025). Environmental Product Declaration[EPD]는 표준 ISO 1404 시리즈를 기반으로 매개변수의 사전 설정 범주와 제품에 대한 정량화된 환경 데이터를 포함한다. EPD 시스템은 제품과 서비스의 성능을 가능하게 하는 글로벌 커뮤니케이션 도구가 될 수 있는 잠재력을 가지고 있다.

7.2.3 에코 표시 방법

에코 표시 방법은 복잡한 환경적 영향 평가를 사용할 수 있다. 이 방법은 생태계와 인간의 건강에 손상을 주는 환경적 영향의 평가를 위한 복잡한 방법을 쉽게 표현할 수 있다. 물질 및 공정에 에코 표시는 가중된 환경 부하와 정규화를 표현하는 간단한 점수를 나타낸다. 환경 부하는 라이프 사이클 분석 데이터를 사용하여 결정한다. 에코 표시의 결정은 세 가지 단계로 되어 있다 :

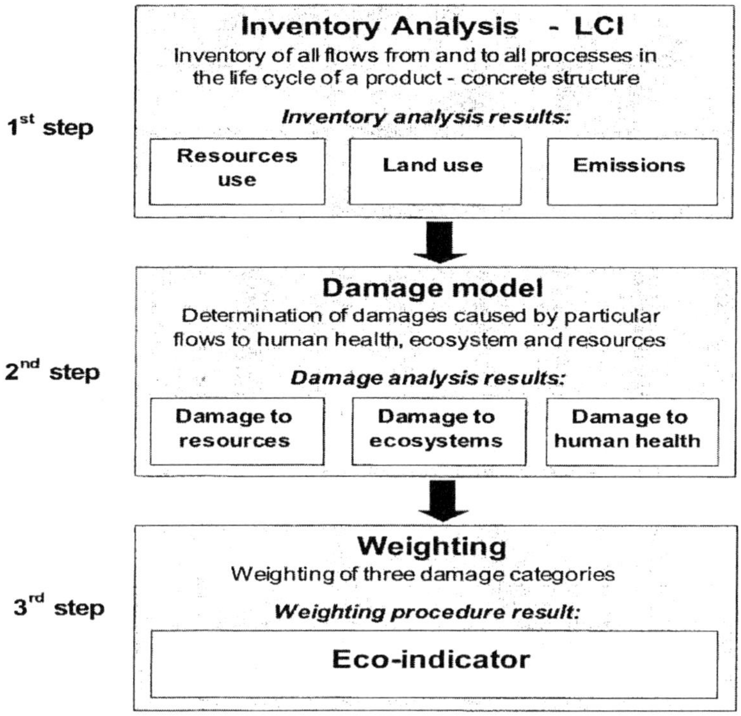

그림 7.9 **에코 표시 방법의 세단계의 핵심적 개념**

① 생산품의 라이프 사이클 내에서 모든 과정(배출, 자원 추출, 토지이용)에 관련된 인벤토리

② 세 가지 위험 범주에 따라 위험성 결정(인간의 건강, 생태계, 자원)

③ 세 가지 위험 범주에 정규화 된 점수의 가중성

에코 표시 99 방법으로 구현된 에코 표시 방법의 기본 개념은 그림 7.9에 나타나 있다.

이 과정은 중요한 물질과 제조에 대한 에코 표시를 포함한다. 에코 표시의 값은 재료, 제조적 측면, 운송 과정, 에너지 발생 공정, 폐기물 처리 시나리오에 이용 가능하다. 이 값들은 주로 유럽 데이터에 기초한다. 환경적 영향의 가중성은 손상기능 접근법에 기초한다. 손상기능은 인간의 건강과 생태계 및 자원의 손상과 영향 사이에 관련한다.

7.2.4 SimaPro와 EcoQuantum 도구를 이용한 제품과 제조의 복잡한 LCA

SimaPro Life Cycle Assessment 소프트웨어[PRé Consultants(2001)]는 제품과 서비스에 관한 환경적 정보의 수집, 분석, 모니터링을 위한 복잡한 도구로 대표적이다. ISO 14040 원칙에 따라 명백한 방법에 있어 복잡한 라이프 사이클을 분석 및 모델링 가능하다. 소프트웨어는 가장 흔하게 사용하는 재료 및 제조에 관한 인벤토리 데이터를 가지고 데이터베이스를 구축한다. 소프트웨어 SimPro 5는 다양한 영향 평가 방법이 있다(Eco-indicator method, CML 1992&2000, EPS 2000, EDIP, Ecopoints). LCA 이론의 특정적 측면에 근거하여 테마 또는 손상방식을 사용하여 영향 평가 방법의 가장 적절한 타입을 선택할 수 있다. EcoQuantums는 simaPro 시스템에 따라 건설사업을 위해 특별히 개발된 소프트웨어 도구를 나타낸다.

7.2.5 환경적/경제적 성과의 균형 – BEES 모델

일반적인 건설 제품 대안의 비교에 적용시키는 라이프 사이클 비용과 라이프 사이클 평가에 기반으로 하는 방법이다. 상기 방법은 특정한 라이프 사이클 단계 안에서 환경적 성능의 상응하는 평가를 위한 환경적 영향의 결과와 인벤토리 흐름을 선정하는 데 사용한다. 또한 하나의 성능 점수로 환경 및 경제적 성능 측정을 결합하는 가중방식을 사용하고 다른 환경에 미치는 영향의 중요성은 미리 정의된 또는 사용자 정의의 가중치를 사용하여 표현된다. 그 결과 환경점수는 경쟁대안 중 상대적으로 환경에 미치는 영향(손상)을 나타낸다.

표 7.4를 보면 BEES 3.0 모델(Building for Environmental and Economic Sustainability)

표 7.4 BEES 3.0 모델에 포함되는 영향 범주의 서론

성 과	영향 범주
환경적 성과	지구온난화
	산성화
	부영양화
	화석연료 고갈
	실내 공기의 질
	서식지 변경
	물 섭취
	기준 대기오염
	인간의 건강
	스모그
	오존 고갈
	생태 독성
경제적 성과	원가
	미래의 비용

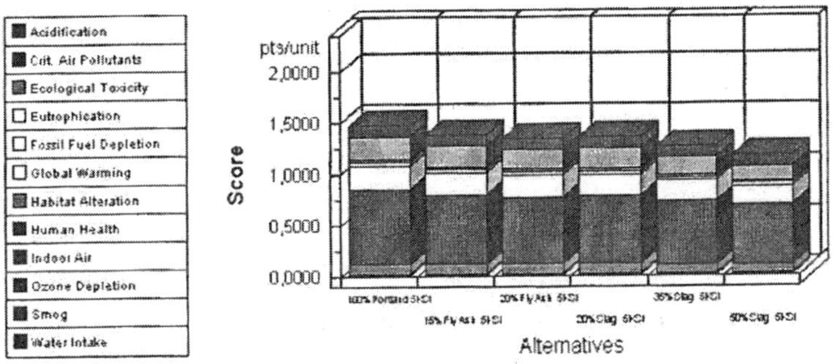

Note: Lower values are better

Category	100OPC5KSI	15Ash5KSI	20Ash5KSI	20Slag5KSI	35Slag5KSI	50Slag5KSI
Acidification--5%	0,0001	0,0001	0,0001	0,0001	0,0001	0,0001
Crit. Air Pollutants--6%	0,1054	0,1040	0,1035	0,1036	0,1022	0,1008
Ecolog. Toxicity--11%	0,2285	0,2021	0,1933	0,1937	0,1676	0,1415
Eutrophication--5%	0,0236	0,0227	0,0223	0,0224	0,0215	0,0207
Fossil Fuel Depl.--5%	0,0386	0,0376	0,0373	0,0378	0,0371	0,0365
Global Warming--16%	0,2294	0,2122	0,2064	0,2075	0,1910	0,1746
Habitat Alteration--16%	0,0000	0,0000	0,0000	0,0000	0,0000	0,0000
Human Health--11%	0,7308	0,6851	0,6698	0,6729	0,6295	0,5862
Indoor Air--11%	0,0000	0,0000	0,0000	0,0000	0,0000	0,0000
Ozone Depletion--5%	0,0001	0,0001	0,0001	0,0001	0,0001	0,0001
Smog-6%	0,0984	0,0942	0,0927	0,0931	0,0890	0,0850
Water Intake--3%	0,0133	0,0132	0,0132	0,0132	0,0132	0,0132
Sum	1,4682	1,3713	1,3387	1,3444	1,2513	1,1587

그림 7.10 **콘크리트의 다른 유형(BEES 3.0 도구의 결과)에서 RC 기둥의 6 대안의 환경성과(영향) 비교**

[Lippiatt(2002)]에 포함된 2개의 경제 범주와 12개의 기본 환경 영향의 범주가 있다.

환경 영향의 가중치에 대해 미리 정의된 가중치의 세 세트를 사용하는 것이 가능하다. 또한 사용자 정의된 가중치들의 사용을 가능하게 한다. 환경적 성과와 달리 경제적 성과의 밀도와 중요도의 비율에 의해 설정될 수 있다. 그림 7.10은 프로그램 BEES 3.0의 출력의 예를 보여주는 그림이다.

7.2.6 GEMIS-통합 시스템을 위한 글로벌 배출 모델

GEMIS[Öko-Institut(2001)]는 라이프 사이클 분석 프로그램 및 에너지, 재료, 운송의 데이터베이스이다. LCA 방법을 기반으로 하여 해로운 배출의 생산, 폐기물, 비용의 분석과 같은 환경적 영향의 비교 평가를 위한 도구로서 발전해왔다. 이 시스템은 환경적 자료의 광대한 데이터베이스를 포함하고 있다.

이러한 데이터베이스는 각각의 단계에 대해 설명한다 :

- 효율, 전력, 이용률, 수명
- 직접 대기 오염(SO_2, NOx, 할로겐, CO, NMVOC, 미립자)
- 온실가스 배출(CO_2, CH_4, N_2O, SF_6 등)
- 고체 폐기물(재, 상부퇴적물, FGD 잔유물, 공정 폐기물)
- 액체 오염물질(AOX, BOD5, COD, N, P, 무기염)
- 토지 이용

에너지, 교통 및 기타 물질의 제조 과정이 환경에 미치는 영향을 평가하기 위해 GEMIS를 사용할 수 있다. GEMIS를 사용한 영향평가로 연료 전달을 포함한 전체 라이프 사이클, 건축 자재의 사용, 폐기물 처리, 운송 등을 다룰 수 있다. GEMIS는 SO_2 등가물, 자원 CER 및 CMR뿐만 아니라 외부 비용으로 결과의 평가를 할 수 있다. GEMIS는 집계된 척도(이산화탄소 등가로 온실가스의 여부, SO_2 등가로 대기 오염의 여부, 외부 비용뿐만 아니라 CER 및 CMR로 자원)를 사용한 결과로 평가한다.

GEMIS는 1987년에서 1989년까지 개발되었으며, 그 이후 모델은 지속적으로 업그레이드와 업데이트되었다(GEMIS 4.4 version - 2006). 현재 OECD 국가뿐만 아니라 다른 여러 나라에서도 널리 사용할 수 있는 소프트웨어이다.

7.2.7 건물 전과정평가를 위한 도구

건물의 환경적 성과는 에너지 소비(동작뿐만 아니라 구현 에너지 포함), 건설부재에서 재료의 사용, 물 소비, 대기 오염, 폐기물 발생, 건물 위치의 효과와 같은 요소의 혼합으로 정의된다. 이러한 영향은 건물의 전체 수명 동안(건설, 작동, 유지를 통한 재료수집의 수명부터 철거 및 재활용까지) 고려된다.

다른 범위 수준을 가지는 건물의 전과정평가를 위한 몇 가지 도구들은 발전되어 왔고 다른 나라의 건설환경영향[Demyter and Martin(2001)] 평가를 위해 사용되어 왔다. 예를 들어 네덜란드의 Eco-Quantum[IVAM]과 GreenCalc[Sureac Trust], 영국의 Envest[BRE a], 독일의 OGIP[T.h.e Software], 캐나다의 Athena[Athena Institute]가 있다.

7.2.8 건물의 지속 가능성 평가의 평가 시스템

지속 가능성은 환경적, 경제적, 사회적 측면을 포함하고 있다. 몇 가지 도구는 다른 환경적(LCA), 기술적인(GBTool, SBTool) 평가 방법으로 획득된 결과를 사용한다. 그렇지만 LCA(예, LEED)에 기초로 하고 있지는 않다.

건물의 지속 가능성 평가를 위한 여러 가지 방법은 1990년대 말부터 발전해왔으며 이용가능한 대부분의 방법들은 자료 세트와 지역별 상황에 맞게 기초를 두고 있다. 표 7.5는 사용 가능한 몇 가지 널리 사용되는 평가 도구에 대한 간략한 서론을 나타내고 있다. GBTool(Green Building Tool)[Larsson], FEED[GBC], BREEAM[BRE b], CASBEE[JSBC] 도구는 건물 연습을 위해 넓게 사용되어 오고 있다. GreenGlobes 도구는 웹 기반의 온라인 접근에 기초를 두고 있는 새로운 시스템이다.

SBTool(지속가능한 건물 도구)는 지속가능한 건물의 성능을 평가하기 위해 GBTool 소프트웨어에서 설계한 새로운 버전이다. SBTool은 2002년부터 International Initiative for a Sustainable Built Environment(iiSBE)와 Natural Resources Canada의 지도력 하에 여러 국제 팀에 의해 개발된 Green Building Challinge(GBC) 평가 방법으로 구현한 소프트웨어이다. SBTool은 전 세계적으로 많은 국가에 시험받고 구현된 매우 포괄적인 프레임 워크이다. SBTool은 다양한 지역 및 국가에 존재하는 문화적, 전통적 가치의 건물과 다양한 기술, 상황 설정, 지역적 차이를 고려하여 특정 평가의 필요에 맞게 사용자 정의를 할 수 있다.

SBTool은 특정 지역/국가 및 건물 점유에 관련된 성능 벤치마크와 관련되어 있고 환경성능 매개 변수의 넓은 범위의 대략적인 복잡한 평가에 적합하다. 평가는 정규화

표 7.5 **건물의 지속 가능성 평가를 위한 널리 사용되는 평가 시스템**

도구	국가	특이사항
GBTool SBTool	모든 국가	새로운 & 개조 건물을 평가하는 기준 기반의 포괄적인 프레임 워크 – 사무실, 학교, 다세대 주택
BREEAM	영국	주택, 사무실, 학교 및 산업용 건물에 대한 기준 기반 평가의 평가 방법
LEED	미국, 캐나다	신규 및 기존 건물에 대한 기준 기반 평가의 평가 방법
GreenGlobes	미국, 캐나다	통합 녹색 디자인 원칙과 평가 프로토콜에 지침서 역할의 웹 기반의 온라인 도구
CASBEE	일본, 중국	환경 효율성을 건물의 기준 기반의 평가 시스템

및 가중되는 점수에 의해 수행된다. 점수의 범위는 −1에서 +5까지 할당된다(−1 : 허용 수준 이하의 성능, 0 : 최소 허용 성능, 3 : 좋은 성능, 5 : 가장 좋은 성능).

GBTool을 포함하는 네 가지 수준(문제, 범주, 기준, 하위 기준)의 매개변수가 있다. 문제와 범주의 매개변수에 대한 가중치는 Vote 작업 표에 있는 전문가에 의해 측정되며 기준과 하위 기준의 매개변수에 대한 가중치는 Weight 작업 표에 있는 시스템에 의해 자동적으로 측정된다. 점수에 가중치가 곱해지고 가중된 점수는 Result 작업 표에 보인다.

주요 문제 범위는 다음과 같다.

A - 장소 선택, 프로젝트 계획과 개발

B - 에너지 및 자원 소비

C - 환경 부하

D - 내부 환경의 질

E - 서비스 질

F - 사회적, 경제적 측면

G - 문화적, 지각적 측면

점수 및 측정된 가중치를 사용하여 얻은 SBTool 평가의 결과는 두 가지 형태로 제시된다. 가중된 점수(−1에서 5까지)를 보여주는 상대 성능 결과는 절대 성능 결과(그림 7.11)와 벤치마크와 관련되어 있다.

Assessor performance results for Green Park, Dorval, Canada

Predicted performance results based on information available during Design Phase	*Active Phase (set in Region file)*	**Design Phase**

Relative Performance Results

0 = Acceptable Practice; 3 = Good Practice; 5 = Best Practice

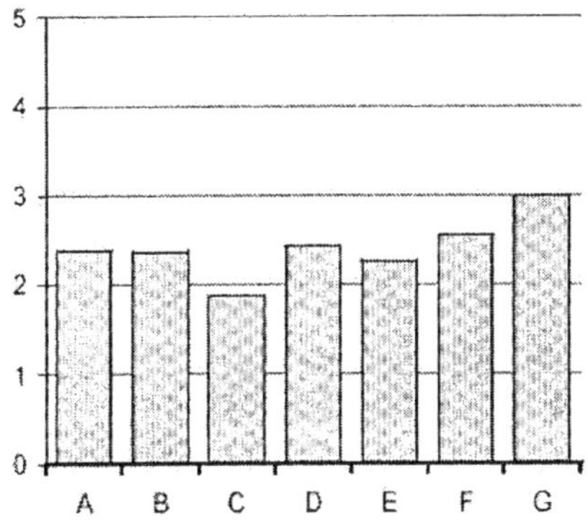

Performance Issue Areas

Design Phase scores indicate Potential Performance as predicted by an assessment of building features and plans for construction and operation that are developed during the design process.

Project Information

This is a New construction project with a total gross area of 42000 m2. It has an estimated lifespan of 50 years, and contains the following occupancies: Office and Apartment and is located in Dorval, Canada. The assessment is valid for the Design Phase.

Assumed life span is 50 years, and monetary units are in CD	Amortization rate for embodied energy of existing materials is set at 2 %

Assessor Score

With current context and building data, the number of active low-level parameters is:	146	Max. potential low-level parameters:	149
The number of active low-level mandatory parameters with a score of less than 2 is:	1	Active low-level mandatory parameters:	9

	To see a full list of issues, Categories and Criteria, go to the Issues worksheet.	Active Weights	Weighted scores
A	Site Selection, Project Planning and Development	8%	**2.4**
B	Energy and Resource Consumption	22%	**2.4**
C	Environmental Loadings	26%	**1.9**
D	Indoor Environmental Quality	22%	**2.4**
E	Service Quality	16%	**2.3**
F	Social and Economic aspects	5%	**2.5**
G	Cultural and Perceptual aspects	3%	**3.0**
	Total weighted building score		**2.3**

Absolute Performance Results

		By area	By area & occupancy	
1	Total net consumption of primary embodied energy for structure and envelope, GJ/m2	12.09	1.85	GJ/m²*maph
2	Net annualized consumption of embodied energy for envelope and structure, MJ/m2*yr.	241.70	37.03	MJ/m²*maph
3	Net annual consumption of delivered energy for building operations, MJ/m2*year	191.89	29.39	MJ/m²*maph
4	Net annual consumption of primary non-renewable energy for building operations, MJ/m2*yr.	241.90	37.06	MJ/m²*maph
5	Net annualized primary embodied energy and annual operating primary energy, MJ/m2*yr.	483.61	74.08	MJ/m²*maph
6	Total on-site renewable energy used for operations, MJ/m2*yr.	20.47	3.14	MJ/m²*maph
7	Net annual consumption of potable water for building operations, m3/year	274.50	42.05	m³/m²*maph
8	Annual use of grey water and rainwater for building operations, m3/year	2865.00	438.88	m³/m²*maph
9	Net annual GHG emissions from building operations, kg. CO2 equivalent per year	10.95	1.68	kg/m²*maph
10	Total present value of 25-year life-cycle cost for total project, CD per m2	8,010		
11	Proportion of gross area of existing structure(s) re-used in the new project, percent	0%		
12	Proportion of gross area of project provided by re-use of existing structure(s), percent	0%		

그림 7.11 SBTool 결과 작업 표

참고문헌

1) Thomas H. J., John G. (2008). Essential earth, CTI Reviews

2) 이영직, (2012), 성장의 한계, smart business

3) Brundtland, G., Khalid, M., Agnelli, S., Al-Athel, S., Chidzero, B., Fadika, L., and Singh, M. (1987). Our common future (\'brundtland report\').

4) Declaration, R. (1992). Rio declaration on environment and development.

5) Sitarz, D. (1993). Agenda 21: The earth summit strategy to save our planet.

6) Protocol, K. (1997). United Nations framework convention on climate change. Kyoto Protocol, Kyoto, 19.

7) 파리협정, UN기후변화협약, (2015)

8) World Summit, 2005

9) 저탄소 녹색성장 기본법, 법제처

10) Carter, T. R., and Kenkyū, K. K. K. C. K. (1994). IPCC technical guidelines for assessing climate change impacts and adaptations: part of the IPCC special report to the first session of the conference of the parties to the UN framework convention on climate change. London.

11) Guillerko, O. G., Peter, D., Eric, C., Ligang, Z. "Technoeconomic evaluation of IGCC power plants for CO2 avoidance", Energy conversion and management, 2006

12) Code, M. (2010). International Federation for Structural Concrete (fib). Federal Institute of Technology Lausanne-EPFL, Section Génie Civil, Swizerland.

13) ISO/DIS 13315-4

14) ISO/CD 13315-8

15) ISO 14040

16) KS Q ISO 14024, 환경성 표시 및 주장-제1유형 환경성 표시

17) KS Q ISO 14021, 환경성 표시 및 주장-제2유형 환경성 표시(환경성 자기 주장)

18) KS I ISO 14025, 환경성 표시 및 선언-제3유형 환경성 선언

19) Heo, Tak. "환경성적표지제도와 전과정평가 (LCA)." Bulletin of Korea Environmental Preservation Association 23.

20) Buffenbarger, J. K., K. G. Kazanis, and M. A. Miltenberger. "Sustainable concrete pavements with blended cements." International Concrete Pavement Conference. 2012.

21) fib Task Group 3.3. Environmental design, State-of-Art Report, International Federation for Structural Concrete, 2004.

22) Portland Cement Association. Environmental life cycle inventory of Portland Cement Concrete, PCA R&D Serial No. 2013, 2000.

23) Japan Testing Center for Construction Materials. Report of the investigation on standard assessment for environment regarding new power generating System, 1998.

24) 김태형, 태성호, "콘크리트 생산에 의한 CO_2 배출량 평가 시스템 개발에 관한 연구", 한국콘크리트학회 논문집, 22권 6호, 2010, pp.787~796.

25) Architectural Institute of Japan. Draft guideline for life cycle assessment for building – $LCCO_2$ assessment for protection of global warming, 1999.

26) 박선규, 회수수의 유효이용, 최동욱 편 ; 콘크리트와 환경 제2판, 기문당, 2016.

27) National Ready-Mixed Concrete Industry Association in Japan. Report on the state of the ready-mixed concrete sludge in Japan, 1999.

28) BS EN 206-1:2000 Concrete – Part 1: Specification, performance, production and conformity, BSI, 2000.

29) CEN/TR 16639 Use of k-value concept, equivalent concrete performance concept and equivalent performance of combinations concept, CEN, 2014.

30) 윤현섭, 양근혁, "혼화재 치환 콘크리트의 등가 압축강도에 대한 물-결합재비의 결정", 한국콘크리트학회 논문집, 27권 6호, 2015, pp.687~693.

31) Yang, K.H., Tae, S. H., and Choi, D. U., "Mixture-Proportioning Approach for Low-CO2 Concrete using Supplementary Cementitious Materials, ACI Materials Journal, Accepted for Publication, 2016.

32) AIJ, Standard Specification and Commentary for Building Construction JASS 5: Reinforced Concrete Work, Architectural Institute of Japan, 2003

33) ACI Committee 318-11, Building code requirements for structural concrete and commentary. American Concrete Institute, Michigan, 2011, p.503.

콘크리트 실무 매뉴얼

탄소저감형 콘크리트 시공기술

2018년 7월 10일 1판 1쇄 인쇄
2018년 7월 15일 1판 1쇄 발행

관리주체 사단법인 한국콘크리트학회
서울특별시 강남구 테헤란로7길 22
한국과학기술회관 신관 1009호
TEL. 02)568-5984~7
FAX. 02)568-1918

출판보급처 기 문 당
서울시 성동구 무학봉28길 4-1
TEL. 02)2295-6171(代)~5
FAX. 02)2296-8188

출판등록 1976. 10. 7 (1-44)

홈페이지 http : // 기문당
http : // www.kimoondang.com

I S B N 978-89-6225-796-0 93530

정 가 15,000원